软翼无人机飞行控制

苏立军　陈自力　张　昊　何江彦　高喜俊◎著

FLIGHT CONTROL OF FLEXIBLE-WING UNMANNED AERIAL VEHICLES

北京理工大学出版社
BEIJING INSTITUTE OF TECHNOLOGY PRESS

内 容 简 介

无人动力伞系统是一种新型的软翼无人机系统，除具有传统无人机特点还具有载荷量大、滞空时间长、起降场地要求低、成本相对低廉等优点，能够在特定的任务、特定的环境中发挥重要作用。本书主要包括6章内容：软翼无人机的飞行控制，包含绪论、UPV非线性运动模型、基于可调增益的UPV自适应模糊反步高度控制、基于模拟对象的UPV鲁棒反步直线跟踪控制、基于干扰观测器的UPV鲁棒反步曲线跟踪控制、基于TH-RRT的UPV航迹规划研究。本书突出学科前沿技术的研究，注重基础理论知识阐述，具有较强的可读性。

本书适合无人机研发人员、高校师生及无人机行业从业人员阅读。

图书在版编目（CIP）数据

软翼无人机飞行控制 / 苏立军等著. -- 北京 : 北京理工大学出版社, 2025. 6.

ISBN 978-7-5763-5474-4

Ⅰ. V279

中国国家版本馆 CIP 数据核字第 2025UE1969 号

责任编辑：李颖颖　　**文案编辑**：辛丽莉

责任校对：周瑞红　　**责任印制**：李志强

出版发行 / 北京理工大学出版社有限责任公司

社　　址 / 北京市丰台区四合庄路6号

邮　　编 / 100070

电　　话 / (010) 68944439（学术售后服务热线）

网　　址 / http://www.bitpress.com.cn

版 印 次 / 2025年6月第1版第1次印刷

印　　刷 / 北京虎彩文化传播有限公司

开　　本 / 710 mm×1000 mm　1/16

印　　张 / 10

字　　数 / 168千字

定　　价 / 68.00元

前　言

无人动力伞系统是一种操控人员不在飞行器上、能够完成一定任务、依靠动力驱动和翼伞产生气动力自动飞行的航空器系统。无人动力伞系统是在有人动力伞飞行器的基础上，对结构进行了优化，增加了自动飞行控制装置，使其能够按照规划的航迹自动飞行，能够自主或自动完成所赋予的任务。

无人动力伞系统作为一种新型的软翼无人机系统，除了传统无人机特点外，其还具有载荷量大、滞空时间长、起降场地要求低、成本相对低廉等优点，能够在特定的任务、特定的环境中发挥重要作用。无论在军事还是民用领域，对软翼无人机的研究都具有重要的意义。

动力伞飞行器具有独特的结构，其自主飞行还面临一些难题。无人动力伞飞行器由翼伞和悬挂平台两个部分通过柔性连接组成，具有柔固组合、柔性连接的特殊结构。飞行过程中，悬挂平台与翼伞之间存在相互作用，表现出较高的复杂性和非线性，难以用精确数学模型进行描述。无人动力伞飞行器控制输入非常有限，仅有发动机油门控制量、翼伞两侧外后缘下偏控制量，输入量小于输出量，具有明显的欠驱动特性。翼伞是无人动力伞飞行器系统的主要气动力来源，其不同状态下的气动参数难以精确测量，且在实际飞行中，翼伞的气动特性容易受飞行高度、飞行速度以及气流变化的影响，故气动参数会呈现时变特性，进而导致模型参数的不确定。无人动力伞飞行器飞行速度慢，侧风对飞行特性与飞行品质有很大影响，甚至影响飞行安全，而且这种影响具有随机性。无人动力伞飞行器的任务、环境的多样性对自动飞行控制系统和航迹跟踪提出了苛刻的要求。以上这些因素均增加了自动飞行控制系统的设计难度，以致现有的自动飞行控制系统还不能满足多样化任务的需要，这也是无人动力系统尚未在国内军事或民用领域广泛使用的根本原因。

本书共分为6章，主要研究以无人动力伞飞行器为代表的软翼无人机的飞行控制问题。各章的主要研究内容如下。

第1章主要介绍无人动力伞系统的特点和应用以及软翼无人机的飞行控制问题的研究现状等。

第2章主要介绍无人动力伞飞行系统的组成与结构参数，在对不同结构进行相对运动分析的基础上，建立系统非线性运动模型，为自动飞行控制系统设计提供模型基础。

第3章主要针对系统中存在的模型参数不确定性问题，将反步控制、模糊逻辑系统和可调增益思想相结合，设计了一种基于可调增益的UPV自适应模糊反步高度控制方法，利用Lyapunov稳定性理论对闭环系统的鲁棒稳定性进行分析，通过仿真试验验证所提算法的有效性。

第4章主要针对飞行器的轨迹跟踪和航迹跟踪，重点对含外界干扰条件下的无人动力伞飞行器直线航迹跟踪控制问题进行研究，为后续曲线跟踪与航迹规划奠定基础。

第5章在直线跟踪控制的基础上，对含复合干扰条件下的无人动力伞飞行器曲线跟踪控制问题进行研究。

第6章在运动性能和设计飞行控制方法的基础上，对无人动力伞飞行器复杂任务环境下的航迹规划问题进行研究，提出了基于双层启发的快速扩展随机树算法。

本书在撰写过程中获得了同事、家人和朋友的大量帮助，同时还参考了国内外出版的一些优秀专著。感谢对本书给予支持和关怀的同志们！向本书引用的参考文献的各位作者表示诚挚的谢意！

由于著者水平有限，书中难免有疏漏和不足之处，敬请读者批评指正。

著　者

目 录

第1章　绪　　论

1.1　无人动力伞系统

无人动力伞系统（Unmanned Parafoil System，UPS）是一种操控人员不在飞行器上，能够完成一定任务，依靠动力驱动和翼伞产生气动力自动飞行的航空器系统。无人动力伞系统是在有人动力伞飞行器的基础上，对结构进行了优化，增加了自动飞行控制装置，使其能够按照规划的航迹自动飞行，能够自主或自动完成赋予的任务。有人动力伞飞行器主要完成航拍、体育、娱乐、广告、投送等任务，是一种廉价、低速、轻便的低空飞行的航空器。有人动力伞飞行器通常分为单人动力伞飞行器和双人动力伞飞行器，如图1-1所示。

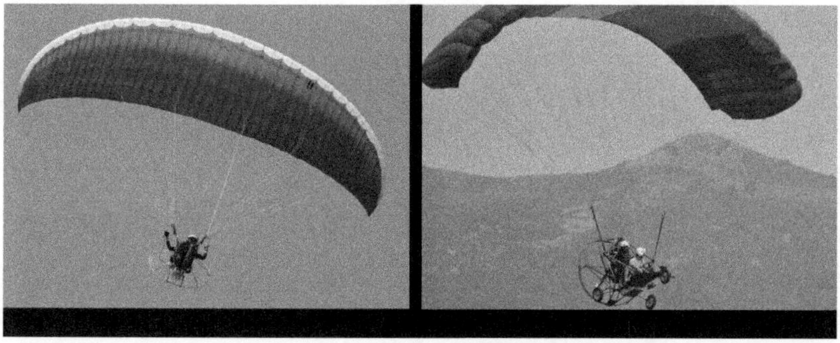

图1-1　有人动力伞飞行器

（a）单人动力伞飞行器；（b）双人动力伞飞行器

图1-1（a）是单人动力伞飞行器，飞行员将翼伞飞行器背负在后背进行飞行。图1-1（b）是双人动力伞飞行器。

无人动力伞系统与有人动力伞系统的飞行原理是完全相同的，所不同的是无人动力伞系统飞行控制是由自动飞行控制器（也可称为自动驾驶仪）

完成的，能够按照规划航线自主飞行。无人动力伞系统主要包括无人动力伞飞行器（Unmanned Parafoil Vehicle，UPV）、数据链终端、地面控制站、任务载荷等，如图 1-2 所示。

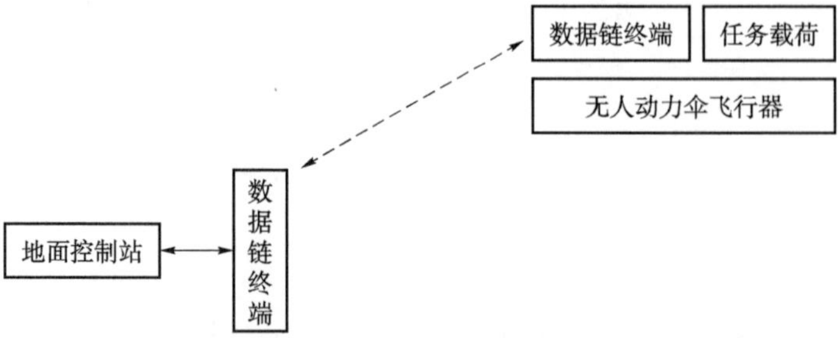

图 1-2　无人动力伞系统组成

图 1-2 中的无人动力伞飞行器是一种飞行平台，在动力装置的推动下，依靠翼伞产生的气动力进行飞行，在自动飞行控制装置的作用下，能够实现自主飞行，为任务载荷提供飞行作业平台。数据链终端主要包括空中数据链终端和地面数据链终端两部分，完成无人动力伞飞行器与地面控制站之间的信息交互。通过数据链终端，地面站向飞行器发送飞行控制、任务控制指令；飞行器通过数据链终端向地面站发送飞行器以及任务载荷获得的信息。任务载荷完成无人动力伞系统所赋予的任务，并受地面控制站的控制。地面控制站主要完成飞行管理和任务管理，人们通过地面控制站对无人动力伞飞行器、任务载荷等进行控制。无人动力伞系统的核心部分是无人动力伞飞行器，其他分系统与无人机系统的对应分系统类似，都有许多货架产品可供选择，所以本书重点研究无人动力伞飞行器。无人动力伞飞行器的外形有多种形式，但都由三部分组成，分别是悬挂平台、翼伞和伞绳，如图 1-3 所示。图 1-3（a）是一种无人动力伞飞行器悬挂平台，它是通过对有人动力伞改造实现的。图 1-3（b）是飞行中的无人动力伞飞行器，从图中可以看出，悬挂平台通过伞绳自由悬挂于翼伞下面。无人动力伞飞行器的主要组成如图 1-4 所示。

由图 1-4 可以看出，悬挂平台悬挂于翼伞的正下方，其组成主要包括悬挂平台结构框架、发动机与螺旋桨构成的推进装置、自动飞行控制装置等。悬挂平台结构框架主要为设备安装提供承载框架，主框架中安装有发动机与螺旋桨、自动飞行控制装置、电池等。滑动轮装置主要完成起飞、降落过程的滑行以及滑行过程中的方向调节。防护罩是一个骨架形的尼龙

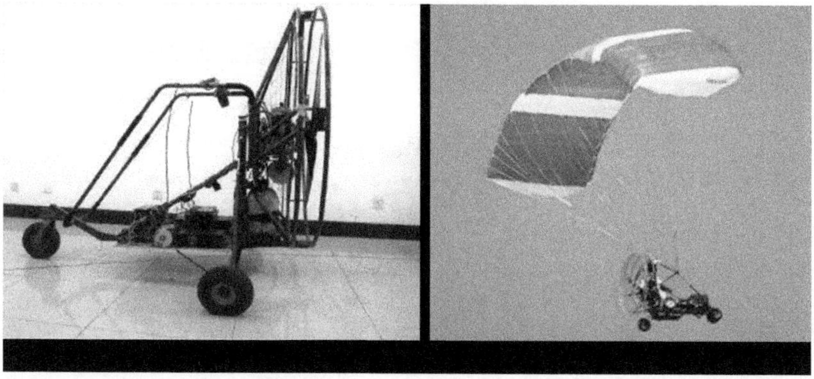

图 1-3 无人动力伞飞行器

(a) 无人动力伞悬挂平台实物；(b) 无人动力伞飞行器飞行示例

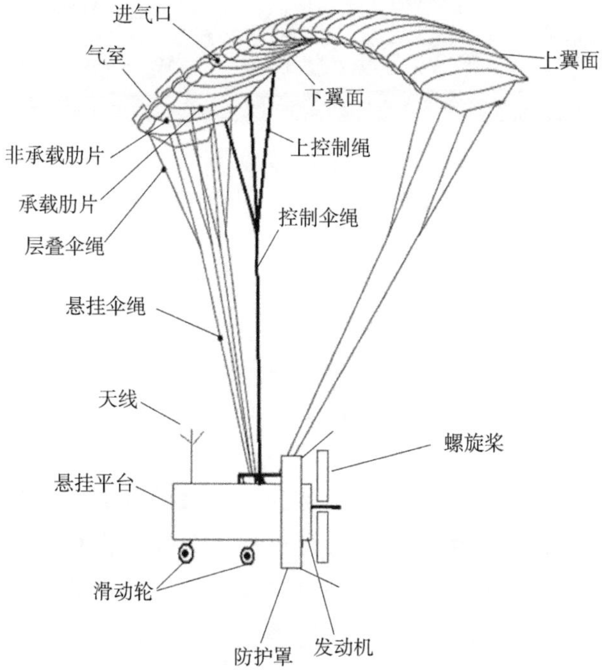

图 1-4 无人动力伞飞行器的主要组成

网，主要作用是防止翼伞、伞绳与螺旋桨接触缠绕。

伞绳有若干条，从作用上看，可分为两种：一种为悬挂伞绳，占伞绳总量的绝大部分，其作用是把悬挂平台栓连在翼伞下面；另一种为控制伞绳（如图 1-4 中粗线所示），共有两根分别位于翼伞的左右两边（图 1-4 中只画出了左侧的一根)。控制伞绳一端分出几个连接点（称为上控制绳)，分别连接在翼伞的后外缘，一端连接在自动飞行控制器的舵机上，通过控制伞绳的拉放，控制翼伞一侧的形状变化，也就改变了飞行翼伞一侧的气动力大小，进而可以调节动力伞的航向。

无人动力伞飞行器采用冲压式翼伞。伞衣由不透气的涂层织物制成上下翼面，中间连有翼型的肋片，这种翼伞有一个开放的前缘和一个缝合的后缘，当空气冲压进篷内并填满时，就会形成一个具有升力的翼型。翼伞如图 1-5 所示。

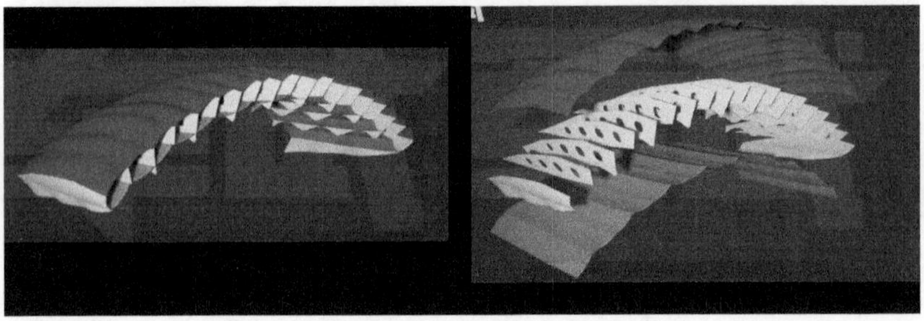

图 1-5 翼伞

(a) 翼伞的外形；(b) 翼伞的组成结构

由图 1-5 可以看出，伞衣前缘开有切口，后缘封闭闭合，当空气从切口流入时，就形成气室。肋片上开有通气孔，便于各气室间空气流通，以保证伞衣迅速充气和各气室压力均匀。肋片分为两种：一种下面连有伞绳，称为承载肋片，除了保证伞衣充气后具有一定翼型外，还将作用在上下翼面上的气动力通过伞绳传递到悬挂平台上；另一种仅连接上下翼面使伞衣充气后保持翼型，称为非承载肋片或成形肋片。习惯上将两承载肋片间的气室看作一个气室，故一个气室含有两个“半气室”。冲压式翼伞上下两翼面的构成有两种基本形式：一种是弦向结构，构成上下两翼面的各幅是将织物的经线沿着弦长方向从前缘到后缘裁剪而成的；另一种是展向结构，构成上下两翼面的各幅是将织物的经线沿着展长方向从翼伞的一侧端到另一侧端裁剪而成的。对于翼伞，一方面要求翼型要满足飞行特性要求，另一方面翼伞织物气密性好，质量轻，结实耐磨。作者的研究团队采用的是弦向结构翼伞，后半部为椭圆形的平面形状，翼剖面的最大厚度为 17%，肋片形状沿着展长方向不完全相同，中间肋片高，翼梢肋片低。

1.2 无人动力伞系统特点

无人动力伞系统作为一种新型无人飞行系统，在具有传统无人机特点的基础上，还有一些其他特点。与同等起飞质量的固定翼无人机，其独特优势体现在如下几个方面。

（1）载荷量大，滞空时间长。一般的无人动力伞系统，其有效载荷一般为50~150 kg，持续巡航时间为3~4 h。大的有效载荷为完成多样化作战任务提供了基础。对于投送型的无人动力伞系统，有的投送载荷可达2 000 kg以上，投送误差小于50 m。

（2）起降场地要求低，可实现低空、低速飞行。由于翼载荷小，无人动力伞系统采用滑跑起飞时，仅需十几平方米的场地，就可完成起降。可以选择在公路、山顶平坦区域或舰艇甲板上短距起降。

（3）可执行的任务类型广。无人动力伞飞行器具有载荷大、安装限制少的特点，可以携带不同的任务载荷。通过搭载打击武器、制导弹药，可对敌方目标实施精确打击；通过搭载通信中继、电子战、战场侦察等设备，就可完成多样化作战任务。此外飞行器悬挂平台很容易进行隐身处理，由于雷达反射面小，可以实现低空可探测性，所以能够完成一些突防任务。

（4）无人动力伞系统本身作为一种翼伞系统，成本相对低廉。即使发动机出现故障空中停车，无人动力伞也会就近滑翔降落，不会对地面人员和设施造成重大损伤。

综上所述，无人动力伞系统独特的结构和飞行原理，具有一些无人机所不具备的特点，能够在特定的任务、特定的环境中发挥重要作用。针对无人动力伞系统的研究，无论是在军事还是民用领域都具有重要的意义。但是无人动力伞系统的自主飞行还存在一些难题，其原因主要表现如下。

（1）欠驱动特性。无人动力伞系统是一种典型的欠驱动系统，当将翼伞与悬挂平台视为整体时，系统在飞行过程中具有6个自由度（Degree of Freedom，DOF），包括沿3个坐标轴运动的线速度和绕坐标轴运动的角速度。相比之下，控制输入非常有限，仅有发动机油门控制量、翼伞两侧外后缘下偏控制量，输入量小于输出量，具有明显的欠驱动特性。当将无人动力伞系统看成翼伞和悬挂平台两部分通过伞绳柔性连接，那么翼伞和悬挂平台之间还存在相对运动，需要控制的量就更多，欠驱动的特征就更加明显。

（2）复杂非线性。无人动力伞飞行器具有柔固组合、柔性连接的特殊结构，飞行过程悬挂平台与翼伞之间存在相互作用，表现出较高的复杂性和非线性，难以用精确的数学模型进行描述。若采用线性化模型进行控制系统设计，则无法保证系统远离平衡点时的稳定性和飞行品质。如何描述无人动力伞飞行器的非线性动力学特性，以及设计什么类型的自动飞行控制器，是实现无人动力伞飞行器自主飞行的一大难点。

（3）参数时变。翼伞是无人动力伞飞行器的主要气动力来源，其不同状态下的气动参数难以精确测量，且在实际飞行中，翼伞的气动特性容易受到飞行高度、飞行速度以及气流变化的影响，气动参数会呈现时变特性，进而导致模型参数的不确定。另外，无人动力伞飞行器飞行速度慢，侧风对飞行特性与飞行品质有很大影响，甚至影响飞行安全，这种影响具有随机性。这些不确定性与时变随机干扰很难用精确模型来描述，给自动飞行控制器的鲁棒性设计带来了挑战。

（4）任务与环境多样。无人动力伞飞行器在军事和民用领域的主要任务需求包括侦察监视、遥测遥感、救援投送、环境保护等。一方面，不同任务对飞行品质都有较高要求，如航迹控制精度、飞行的动态特性、飞行的安全性等；另一方面，无人动力伞飞行器在任务过程中通常会面对复杂的地形环境、恶劣变化的气流环境，以及一定的对抗环境等。任务要求、环境要求的多样性对自动飞行控制系统和航迹跟踪又提出了更苛刻的要求。

以上这些因素和要求增加了自动飞行控制系统的设计难度，现有的自动飞行控制系统还不能满足多样化任务的需要，这也是无人动力系统尚未在国内军事或民用领域广泛使用的根本原因。

1.3 无人动力伞系统发展与应用

无人动力伞系统具有载荷量大、携行方便、造价低、起飞和降落场地要求小、续航时间长等优势，在工业、军事、社会生活等方面得到一些应用。

（1）定点空投及定点回收。由于无人动力伞系统具有航迹自主控制能力，所以可以实现定点投送。定点投送无人动力伞系统的典型代表为 X-38，如图 1-6 所示。该无人系统从 7 km 高度投放，随后的着陆阶段使用将近 700 m^2 的翼伞，着陆点距预定点仅 360 m，该飞行试验验证了翼伞技术在大型航天器定点回收方面应用的可行性。美军滑翔式空投系统（Guided Parafoil Air Delivery System，GPADS），利用基于 GPS 的 GNC（Guidance，Navigation and Control）技术，实现货物的精确自主投放，投放悬挂平台质量范围为 100~1 900 kg，可用于战时物资投送、后勤保障等任务。

图 1-6 X-38 无人动力伞系统定点投送

（2）战场侦察监视及通信中继。加拿大 MMIST 公司基于无人机的飞行控制技术，设计了 CQ-10A 雪雁无人动力伞系统，如图 1-7 所示，该系统可用于目标搜索、边界管控、通信中继、搜索营救、测绘、环境监控和物质投放等方面。美军装备的自动战术监视平台（Autonomous Tactical Reconnaissance Platform，ATRP），如图 1-8 所示。该无人飞行器翼伞的翼展为 2 m，用一枚 1.3 m 的火箭把 ATRP 发射到 300 m 的高度后，展开伞翼就开始工作，可以执行对地侦察、遥感遥测和空中警戒等任务。

图 1-7 CQ-10A 雪雁无人动力伞

图 1-8 美军装备的自动战术监视平台

美国阿塔里宇航（Atair Aerospace）公司已经研制出多款遥控翼伞飞行器及无人动力伞飞行器，如图 1-9 所示。该公司声称这种飞行器较现有的无人驾驶飞行器，具有体积小、易于操作的特点。美国国防高级研究计划局（Defence Advanced Research Projects Agency，DARPA）投资研发了一种名为“持久自动动力飞行翼伞”的无人侦察飞行器。“持久自动动力飞行翼伞”既可以空投，也可以从地面起飞，是一种慢速、长航时的无人机，设计的目的是用来执行长时间航行的侦察任务，接替目前正在使用的诺斯罗普·格鲁曼（Northrop Grumman）公司价格昂贵的全球鹰等无人机。

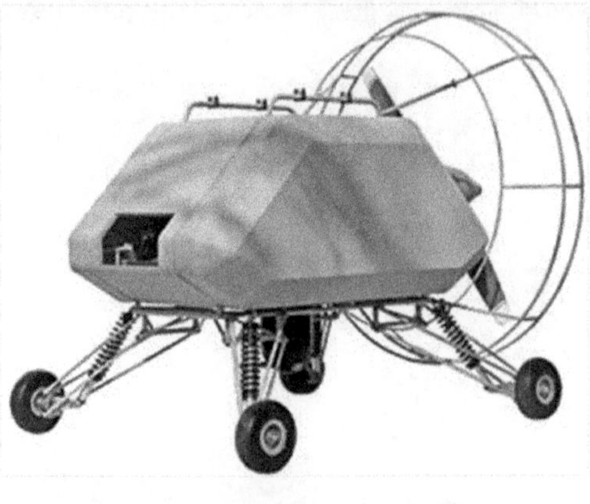

图 1-9 无人动力伞飞行器

国外无人动力伞飞行器的发展概况如表 1-1 所示。

表1-1 国外无人动力伞飞行器的发展概况

国家	研究机构	研究概况
美国	特种作战司令部	采购了CQ-10A雪雁自主导航无人投送/侦察系统（图1-7），使用矩形伞翼，有效载荷600 lb（约272 kg），飞行速度为40~55 km/h，最大航程为942 km，续航时间为20 h，具有高空投放和车载起飞两种放飞模式，载荷可包括光电传感器、电子战装备、心理战装备或战略物资等，目前已装备美军
	陆军士兵中心	设计了自动战术监视平台（图1-8），包括一台小型螺旋桨发动机、一副标准翼伞（展长2 m）以及质量约1 kg的任务载荷，系统由助推火箭发射至指定高度后展开翼伞开始巡航飞行，完成对地侦察、遥感遥测、空中警戒等任务
	Vertigo公司	开发了低成本制导空投系统（AGAS），系统主要包括风速测量仪，可控翼伞，导航、制导与控制设备，能够利用风速信息进行任务规划，计算最佳空投区域，适合5 t以内悬挂平台的精确投放
	阿塔里宇航公司	研究了ONYX持久自主动力飞行翼伞，搭载有航向控制器、GPS和光学侦察装置，可采用多种投送方式，是一种高空、长航时软翼无人机，目的在于替代价格昂贵的全球鹰等无人机
	Draper实验室	研发了面向作战补给和灾害救援的PADS精确投送翼伞系统，该系统具有防空武器射程外的投送能力，通过建立系统动力学模型和更新环境数据，使系统具有在复杂环境中自主飞行的能力
德国	欧洲航天防务公司	研制了SLG-SYS自主滑翔伞降系统，可用于物资全天候防区外制导空投，适用于250~2 000 kg物资投送，通过配置的计算机和导航系统及控制执行装置，系统能够实现姿态与航向的自主控制

续表

国家	研究机构	研究概况
加拿大	MMIST 公司	设计了“夏尔巴人”高空滑翔伞翼系统，能在不同高度和距离投送重型物资，配有先进的任务规划软件，帮助飞行员和导航员测试最佳伞降空域，配备动力装置的新一代“夏尔巴人”，作为新型“雪雁”的测试版，还可完成侦察监视任务
英国	飞行燃料补给公司	研制了一种精确导航滑翔伞系统（CADS），系统包括伞翼和制导单元，制导单元通过接受加密无线电指令进行航向控制，载荷悬挂在制导单元下方，具有自动和发射机手动两种控制方式
荷兰	国家航空航天实验室	研制了“黑桃”小型可控翼伞空投系统，全自主 GPS 导航系统和飞行控制系统可以使其在不可能进行伞降的 6 级风条件下完成飞行和投送任务，目前已装备特种部队和海军陆战队，协助特战队员完成作战任务

在国内，20 世纪 90 年代开始对 UPV 系统进行了相关设计和研究，已经在飞行系统设计、气动性能分析、控制器设计和航迹规划等数值仿真和试验研究方面取得了较大进展。研究机构主要有国防科技大学、北京空间机电研究所、北京航空航天大学、南京航空航天大学、中国科学院沈阳自动化研究所、中国人民解放军海军航空大学（由海军航空兵学院和海军航空工程学院重组而成）、中国人民解放军陆军工程大学（原军械工程学院）、宏光空降装备有限公司、航宇救生装备有限公司、宏伟航空器有限责任公司、湖北中华雁无人机航空科技实业有限公司、彼岸科仪有限公司等，其中院校、研究所主要针对翼伞系统的理论问题进行了研究，其他单位则根据任务需求的不同，研制了多款不同大小、不同载荷的试验样机，部分已经进入试验验证阶段。以国防科技大学航天器回收研究课题组为主，重点研究了翼伞伞降回收和定点投放等问题。北京空间机电研究所、宏光空降装备有限公司、航宇救生装备有限公司，以及南京航空航天大学、北京航空航天大学等单位的相关部门也开展了伞降回收方面的研究工作，但无人动力伞系统应用方面，国内尚未形成规模。彼岸科仪有限公司生产出了天鹰系列 1、2、3 型遥控动力伞，该系列无人动力伞以遥控飞行为主。

国内无人动力伞飞行器发展概况如表 1-2 所示。

表 1-2　国内无人动力伞飞行器发展概况

研究机构	参考文献	研究概况
国防科技大学	文献［11，12］	针对基于可控翼伞系统的航天器伞降回收任务开展了一系列研究，主要包括不同展弦比翼伞飞行过程气动性能分析、翼伞系统动力学建模、雀降过程气动分析与操作规律、归航过程航迹设计与最优控制法等，取得了一些规律性成果
北京航空航天大学	文献［13］	主要对冲压翼伞的流场与气动操作特性进行了数值仿真分析，在研究翼伞弧面下反角、翼型和前缘切口等结构对翼伞滑翔性能和气动性能影响的基础上，提出了优化设计方法，对提高翼伞气动性能有较大意义
南京航空航天大学	文献［14，15］	建立了翼伞系统刚体动力学模型，在此基础上分析了翼伞系统飞行过程的运动特性，并针对翼伞空投和归航过程，进行了航迹规划和控制方法的研究
北京空间机电研究所	文献［16］	利用风洞试验研究了冲压翼伞的升阻特性，对三维翼伞进行了参数化建模和仿真，在此基础上设计了可控翼伞定点归航导航系统和飞行控制系统，并进行了相关试验研究
军械工程学院	文献［17］	分别采用辨识方法和机理法建立了 UPV 多体动力学模型，对其运动特性进行了仿真分析，研究了基于神经网络动态逆、子空间预测控制、跟踪微分器等方法的高度和航向控制策略，研制了 UPV 飞行试验样机，进行了相关的飞行试验，取得了一定成果

续表

研究机构	参考文献	研究概况
航宇救生装备有限公司	文献［18］	研制了不同载荷的除雾型柔翼无人机，其载荷为 200 kg，最大飞行高度为 5 000 m，最大航程为 200 km，续航时间为 3 h，采用车载起飞方式，飞行过程采用手动遥控操作，并进行了试验验证
湖北中华雁无人机航空科技实业有限公司	文献［19］	模仿“雪雁”无人机，设计了“中华雁”大载荷、长航时、低能耗高效通用软翼无人机平台，根据载荷不同设计有轻型、中型、大型、重型 4 种型号，系统均加装了自动控制系统，可实现自主起飞、巡航和精确着陆，具有较好的稳定性
宏伟航空器有限公司	文献［20］	同样参照“雪雁”无人机，研制了用于国土测量测绘、矿藏勘探的小型软翼无人机，载荷略小于轻型“中华雁”，遥控距离为 5 km，续航时间为 5 h，最大航程为 200 km，同样具有手动遥控和自主导航控制两种操作方式
中国科学院沈阳自动化研究所	文献［21］	应国家地震应急搜救中心要求，研制了软翼无人救援系统，设计了自主飞行控制器和视景仿真程序，实现了对软翼无人机的数值和视景联合仿真，该系统已在西藏地区成功进行了高海拔飞行测试

在总装预研基金等项目的支持下，军械工程学院从 2007 年开始进行无人动力伞方面的研究，在无人动力伞飞行控制器设计、自主导航与控制、飞行数据采集、无人机伞降定点回收等方面做了大量的飞行试验，基本摸清了无人动力伞飞行器的飞行规律，掌握了无人动力伞的飞行特性和操作控制性能，多次驾驭无人动力伞飞行器，实现了无人动力伞飞行器的自主飞行。军械工程学院所开发的无人动力伞飞行器（图 1-10）高为 1.6 m，宽为 1.35 m，长为 1.55 m，伞翼面积为 29 m^2，最大任务载重达 135 kg，最大航速为 45 km/h，续航时间为 3 h，能够实现遥控和自主飞行，航迹控制

精度平均误差小于 20 m。

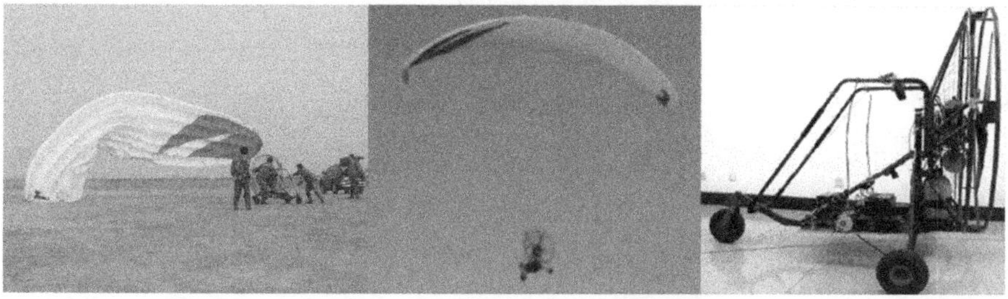

图 1-10　无人动力伞飞行器样机

综上所述，国外的无人动力伞飞行器在军事和民用领域已逐步走向应用。国内无人动力伞飞行器在技术上也取得了突破性的进展，但还存在一些瓶颈；在应用场景上，无人动力伞飞行器在救援等领域展现出了广泛的应用前景；在政策上，各级政府都在加大支持力度，从空域管理、基建配套、产业扶持等方面为无人动力伞飞行器的发展提供了有力支撑。

1.4　无人软翼飞行器研究现状

目前国内外针对无人动力伞飞行器的研究涉及的主要内容有飞行器动力学建模、运动特性分析、翼伞结构气动性能分析、导航与控制系统设计、飞行航迹规划、试验系统设计等。本书重点对动力学建模、飞行控制方法和航迹规划三个方面进行研究，所以在研究现状分析上，也重点对这三个部分进行分析。

1.4.1　动力学建模研究现状

飞行器的动力学模型是进行运动性能分析和控制器设计的基础。无人动力伞飞行器动力学建模研究主要包括动力学机理分析、翼伞气动参数计算、附加质量计算、系统对控制操纵与干扰的响应等。

飞行器动力学建模的方法主要有两种：一种是系统辨识方法，对飞行器进行不同状态下的飞行或风洞试验，根据所得输入与输出数据，对系统整体或未知参数进行辨识，进而得到飞行器参数化模型；另一种是机理分析方法，根据力学定律对系统各部分进行全面的动力学机理分析，由动量和动量矩定理得到飞行器的非线性运动微分方程组，即运动模型。

1.4.1.1 系统辨识方法研究现状

系统辨识方法分为模型参数辨识和模型整体辨识，其基本思想是通过大量试验取得飞行器输入输出数据，利用辨识方法，对结构已知的系统模型的未知参数进行辨识和估计，或者对未知结构的系统模型进行直接辨识，进而得到系统的参数化模型或整体模型。系统辨识方法在原理上属于一种试验统计方法，通过辨识得到的模型是一种与实际模型外特征等价的近似模型。在整个辨识过程中，采用的试验方法和辨识方法会对模型的精度产生较大影响。另外，传感器测量误差、试验场地、试验环境等因素也会影响最终的辨识结果。无人动力伞飞行器辨识建模方法研究现状如表 1-3 所示。

表 1-3 无人动力伞飞行器辨识建模方法研究现状

<table>
<tr><th>发表时间</th><th>参考文献</th><th>研究现状</th></tr>
<tr><td>1995 年</td><td>文献［22］</td><td>利用试验平台测得的飞行数据以及 NASA 翼伞风洞试验数据，基于极大似然估计法对翼伞不同状态下的纵向气动系数进行了辨识，仿真和试验数据验证了方法的有效性，估计误差低于 10%</td></tr>
<tr><td>2001 年</td><td>文献［23］</td><td>设计了两种搭载多种传感器的小型翼伞系统 ALEX-1 与 ALEX-2，利用所得飞行数据，基于极大似然估计法，对 3DOF 和 4DOF 可控翼伞系统的气动力参数进行了辨识，所得参数可用于模型分析与控制器设计</td></tr>
<tr><td>2002 年</td><td>文献［24］</td><td>基于扩展卡尔曼滤波算法对飞行试验数据进行滤波，进而对翼伞的气动系数、附加质量参数、风力干扰进行估计，将估计参数应用于可控翼伞纵向模型中，仿真结果验证了算法的有效性</td></tr>
<tr><td rowspan="2">2005 年</td><td>文献［25］</td><td>提出了瞬时扰动逼近算法，通过估计目标函数的梯度信息来逼近函数最优解，将算法应用于 G-12 翼伞系统的参数辨识中，得到了翼伞的气动参数与附加质量参数</td></tr>
<tr><td>文献［26］</td><td>采用观测器/卡尔曼滤波辨识（Observer/Kalman Filter Identification，OKID）算法对无人动力伞飞行器飞行过程中的运动和姿态信息进行滤波，辨识得到了“Buckeye”无人动力伞飞行器的双通道线性模型，将辨识模型与试验数据进行对比分析，验证了算法的有效性</td></tr>
</table>

续表

发表时间	参考文献	研究现状
2006 年	文献［27］	提出采用无损卡尔曼滤波（Unscented Kalman Filter, UKF）算法解决模型辨识中的非线性滤波问题，并以无人动力伞飞行器为对象对比了卡尔曼滤波、简化 UKF 算法和增广 UKF 算法在参数估计方面的性能，结果表明，UKF 算法在递归参数估计和气动力建模方面具有优势
2010 年	文献［28］	提出了一种线性动力学模型在线辨识方法，利用部分飞行数据辨识得到翼伞系统 6DOF 线性模型，与采用离线辨识方法的非线性模型相比，线性模型能够反映系统的运动特性，且对干扰和噪声具有鲁棒性
2012 年	文献［29］	针对 UPV 系统可用传感器数据较少的问题，提出了一种鲁棒系统辨识方法，仅用 GPS 数据分别对外界风场和翼伞气动系数进行估计，进而得到 6DOF 非线性模型，辨识模型仿真结果与试验结果吻合较好，证明了所提方法的有效性
2014 年	文献［30］	提出了一种基于两步法的无人动力伞飞行器动力学模型辨识方法，首先由机理建模得到的 6DOF 非线性模型简化得到降阶线性模型，然后利用已测飞行数据对气动参数进行辨识，最终得到适合系统的线性状态模型
2015 年	文献［31］	设计了一种柔翼飞行器结构和实时数据获取系统，利用飞行试验数据与 MATLAB 系统辨识工具箱辨识得到系统各通道传递函数，最终得到系统仿真模型，为未来无人动力伞飞行器系统控制器设计和任务规划提供了实践方法
2016 年	文献［32］	针对无人动力伞飞行器运动状态容易受风力影响的问题，提出了一种基于 GPS 数据与翼伞飞行速度的风场辨识算法，经卡尔曼滤波处理的 GPS 数据保证了辨识精度，并将辨识风场结果应用于系统运动模型中，辅助雀降操作，实现无损着陆

系统辨识方法的选择性较大，且不需要进行复杂的力学分析和模型推导，缺点是需要获取一定数量的输入输出数据，且精度要求较高，数据采

集过程中的传感器噪声、数据传输、试验方法、试验环境都会对其辨识结果产生影响。由于系统辨识方法影响因素较多，因此，在无人动力伞飞行器建模研究中，主要将其应用于对已有模型结构的参数辨识。

1.4.1.2 机理分析方法研究现状

机理分析方法首先针对对象的结构布局建立其物理模型，然后依据牛顿定律和气动力学原理对系统各部分进行动力学分析，进而得到微分方程形式的飞行器运动模型。机理分析方法的优点是原理过程清晰、结构可靠、针对性强、与对象匹配性高，是目前广泛采用的建模方法。目前，国内外学者针对无人动力伞飞行器的机理分析方法进行了大量研究，建立了多种不同自由度的数学模型。按照模型自由度的不同对机理分析方法研究进行总结归纳，如表 1-4 所示。

表 1-4 机理分析方法研究总结

模型结构	参考文献	研究内容
4DOF	文献［33］	在翼伞系统刚性连接的基础上，将系统视为质点，建立系统 4DOF 模型，其中包括翼伞纵向对称面的 3DOF 和两体的相对俯仰自由度，并应用该模型研究了雀降过程的飞行性能
6DOF	文献［34］	考虑翼伞的附加质量，利用分块法计算翼伞气动力，建立翼伞系统刚体 6DOF 模型，重点研究了翼伞系统的滑翔飞行性能和姿态稳定性。这一思路为后来的研究提供了重要参考
	文献［35］	考虑翼伞附加质量与惯性，在 MATLAB/Simulink 环境中建立低展弦比翼伞系统的 6DOF 模型，对模型的运动特性进行分析。研究表明，模型可用于系统导航、制导与控制系统的设计，初步的试验结果验证了模型的准确性
	文献［36］	在翼伞系统 6DOF 模型的基础上将其转化为降阶状态线性模型，并将简化模型用于基于预测控制方法的翼伞轨迹跟踪中，仿真结果验证了模型和方法的有效性

续表

模型结构	参考文献	研究现状
6DOF	文献［37］	考虑翼伞迎角与附加质量、气动系数的作用关系，建立了可变迎角状态下的翼伞系统6DOF模型，进而提出了基于可变迎角的翼伞滑翔率控制方法
	文献［38］	忽略悬挂平台与翼伞的相对运动，对充满气后的可控翼伞建立6DOF模型，对模型进行了运动特性的仿真，并将其应用于归航控制研究中
8DOF	文献［39］	将系统分为翼伞和悬挂平台两部分，两体采用两点交叉连接结构，连接绳长度不可伸缩，不考虑两体相对滚转运动，建立系统8DOF模型，分析了系统在单侧和双侧下偏控制时的运动特性
	文献［40］	研制了一套集动力学建模和半实物飞行仿真为一体的UPV飞行仿真软件，建立了系统8DOF模型，通过可视化仿真模拟了翼伞形变过程和多体相互作用
	文献［37，41］	考虑两体两点连接与连接点处的摩擦作用，建立UPV系统8DOF模型，其中包括翼伞6个自由度、悬挂平台相对俯仰和相对偏航自由度，仿真了模型在风场干扰条件下的运动特性，将仿真结果与飞行试验数据进行对比，验证了模型的正确性
	文献［42，43］	考虑两体间连接的相互作用力与力矩，建立8DOF模型，仿真了转弯率与相对偏航阻尼振荡间的关系。结果表明，在控制中减小反馈增益可以消除振荡，但会导致跟踪效果变差
	文献［44］	基于牛顿定律和Kirchhoff运动方程建立了8DOF模型，重点分析了系统滑翔、转弯、雀降等过程的运动特性，以及系统对推力、风力干扰的响应情况。仿真结果验证了模型的正确性

续表

模型结构	参考文献	研究内容
9DOF	文献［45］	针对翼伞系统的单点连接结构，建立了系统 9DOF 非线性模型，其中包括翼伞 6DOF 和悬挂平台 3 个自由度，重点分析了运动过程中的两体姿态变化
	文献［46~48］	将翼伞与悬挂平台均视为两个刚体，两体由伞绳和吊带单点连接，连接点视为理想传感装置，将伞绳视为有阻尼的弹簧，建立 9DOF 模型，将数值仿真结果与飞行数据进行了对比分析
	文献［49，50］	分别在翼伞和悬挂平台上安装无线分离式传感器，采集两体姿态信息，用以分析两体相对运动，根据连接方式的不同建立了从 6DOF 到 9DOF 不等的动力学模型，并与试验数据进行了对比，分析了模型的适用性
	文献［51，52］	采用了简化的附加质量等效计算方法，参考相同展弦比翼伞的气动力参数，建立了单点连接条件下的 9DOF 模型，利用操纵绳长表示控制量幅度，重点分析了纵向平面内的两体姿态运动特性
12DOF	文献［53］	将翼伞和悬挂平台视为两个刚体，分别包含 6 个自由度，两体采用具有弹性形变的吊绳连接，建立系统 12DOF 模型，在 PLANER 软件中对考虑大气干扰的系统模型进行了仿真分析
	文献［11］	分别将系统视为整体和两体结构，分析建立了翼伞系统 6DOF 刚性连接模型、8DOF 刚性铰接模型和 12DOF 非刚性连接模型，着重分析了主要设计参数对系统性能的影响，将不同模型进行对比，分析了各模型的特点和适用性

机理分析方法的优点是建模原理清晰、通用性强，对不同结构的系统均可进行动力学建模，缺点是推导过程复杂，需要对系统和外界进行大量的假设，在对模型进行线性化处理时，可能会导致系统部分非线性特性的缺失，造成模型误差大。

无人动力伞飞行器的结构与翼伞空投系统较为相似，翼伞系统的建模方法同样适用于无人动力伞飞行器，但不同的是，无人动力伞飞行器所安装的动力装置使其具有可控性，需要考虑的因素更多，受力和运动过程更复杂。所以要依据研究问题的不同和建模条件的不同，选择合适的建模方法，建立的动力学模型及运动模型，既要满足对问题的有效表征，又要避免无谓的复杂化。

1.4.2 无人动力伞飞行器飞行控制方法研究现状

1.4.2.1 无人动力伞飞行器飞行控制方法研究现状

无人动力伞飞行器具有欠驱动、参数时变、复杂非线性等特点，飞行过程容易受模型参数不确定性和外部时变干扰的影响，设计一种稳定、可靠、高性能的无人动力伞飞行器自动飞行控制系统是一项极具挑战性的技术任务，同时也具有很大的理论研究意义和实际应用价值。随着飞行控制理论的研究发展，国内外学者研究了一系列无人动力伞飞行器飞行控制方法，主要有 PID 控制、反馈线性化控制、动态逆控制、预测控制、智能控制等。按照研究机构，对飞行控制方法进行归纳总结，如表 1-5 所示。

表 1-5 无人动力伞飞行器飞行控制方法研究现状

研究机构	主要贡献者	研究内容
德国飞行力学学院	Gockel	在翼伞线性质点模型的基础上，根据常规飞行器的飞行控制系统，设计了翼伞轨迹跟踪反馈控制器，主要包括姿态控制内回路和质心运动外回路，但系统在外界干扰条件下的跟踪性能较差
	Pollini	对翼伞系统非线性模型进行线性化处理，设定了由控制量、跟踪误差和系统状态表示的二次型线性指标，利用输出量表示目标轨迹，求解最优控制问题，设计跟踪控制器
美国海军研究生学院	Oleg	考虑固定下滑率下的翼伞水平面动力学模型，在 Serret-Frenet 坐标系下表示位置与速度的误差量，所设计的 PID 控制器能够完成对飞行轨迹的跟踪，且跟踪过程没有时间要求

续表

研究机构	主要贡献者	研究内容
美国亚拉巴马（Alabama）州立大学	Slegers	对简化的小型无人动力伞飞行器系统 6DOF 模型进行降阶线性化处理，只包含反映系统性能的最少状态量，采用递归权重最小二乘法辨识模型参数，并以此模型为对象，基于模型预测控制方法设计轨迹跟踪器，对有/无风力干扰条件下的飞行性能进行了仿真和试验研究，验证了方法的有效性
美国佐治亚（Georgia）理工学院	Ward	设计了一种基于可变迎角的无人动力伞飞行器高度控制机构，在翼伞前缘增加一组伞绳，与后缘控制绳同时进行收放操作，在保证翼伞形状不变的前提下改变迎角，并设计 PID 控制器实现滑翔高度控制
	Gavrilovski	提出了一种基于翼伞可调气孔的无人动力伞飞行器滑翔率控制方法，在翼伞上表面打开两个对称的大小可调气孔，通过调节气孔大小改变滑翔率实现高度控制。相比于可变迎角方法，不需要增加伞绳数量。研究表明，对气孔进行不对称调节时还可实现与翼伞后缘下偏相似的航向控制效果
	Culpepper	提出了一种基于悬挂平台重心位移的无人动力伞飞行器飞行控制方法，利用悬挂平台重心纵向移动实现翼伞系统的高度控制。同样利用悬挂平台重心横向移动实现偏航率控制，影响控制性能的主要因素有悬挂平台连接距离、伞绳平均长度、悬挂平台连接方式等
日本防卫大学	Ochi	对无人动力伞飞行器非线性模型进行线性化处理，所得线性模型将纵向通道与横向通道进行解耦，通过线性状态转换将翼伞坐标系下的模型转换至悬挂平台坐标系，利用 v-gap 矩阵得到各通道降阶模型，并针对各通道设计单输入单输出的 PID 控制器。仿真试验结果验证了线性模型的正确性，表明控制器具有稳定、良好的控制性能

续表

研究机构	主要贡献者	研究内容
国防科技大学	熊菁	根据归航控制特点，在 Serret-Frenet 坐标系下表示翼伞位置与期望轨迹的偏差，推导系统线性时不变的运动误差模型，根据误差模型得到控制量与轨迹偏差的传递函数，通过解析计算偏差量和偏差速率，设计 PD 控制器。仿真结果验证了方法的有效性
南京航空航天大学	谢亚荣	在可控翼伞状态空间模型的基础上，考虑模型不确定性和外界干扰，提出了基于模糊干扰观测器的非线性预测控制方法，设计了航迹跟踪控制器。仿真试验表明，控制器具有良好的鲁棒性和抗干扰特性
	郑成	对翼伞系统航迹跟踪控制问题进行了研究：一是根据系统线性时不变误差方程，设计了模糊自适应 PID 控制器；二是将控制器分为姿态控制内回路和质心运动外回路，并采用模糊滑膜方法设计了内回路控制器，仿真分析了两种方法在不同条件下的控制性能
	陈奇	针对多翼伞集结控制问题，以翼伞质点模型为起点，通过引入新的变量，得到气流坐标系下的多翼伞非线性降阶模型。在此基础上提出了基于状态信息和势场法的多翼伞自主集结控制方法。仿真结果表明：所提控制方法可以减小着陆散布，降低翼伞之间碰撞的风险
南开大学	高海涛	在翼伞系统动力学模型的基础上，结合横向轨迹误差法和视线跟踪法，提出了一种基于数据扩充的线性自抗扰控制器，用于实现翼伞归航轨迹跟踪控制。仿真结果表明，方法具有良好的跟踪控制性能和抗干扰能力

续表

研究机构	主要贡献者	研究内容
南开大学	焦亮	针对平面航迹跟踪控制问题提出了两种控制方法：一是采用自适应广义预测控制算法设计航向跟踪控制器；二是采用自抗扰控制算法设计航向控制器，并对原有自抗扰控制输出值进行饱和限幅。仿真试验验证了所提控制器的有效性，且动态性能优于 PD 控制器
	李永新	针对翼伞平面航迹跟踪控制问题，提出了一种模糊控制与广义预测控制相切换的控制方法。该方法利用横向轨迹误差法，以偏航角为指标，当误差较大时采用模糊控制方法，当误差减小至一定范围时切换至广义预测控制，从而实现期望轨迹的精确跟踪。所提方法能够在保证跟踪精度的同时减小处理器的运算量
军械工程学院	钱克昌	研究了一种基于神经网络动态逆的无人动力伞飞行器飞行控制方法，采用神经元网络离线辨识得到无人动力伞飞行器逆系统，实现控制系统线性化解耦，进而提出基于模型参考自适应的逆误差补偿方法，实现误差的在线自适应调整
	谢志刚	提出了预测控制与动态逆的组合飞行控制方法，将偏航角与偏航角速率作为控制回路，使其满足非线性动态逆设计条件，根据内环线性反馈得到的线性模型作为预测控制模型。仿真表明，组合算法能够显著改善系统动态性能和稳态性能

通过比较和试验表明，现有的飞行控制方法还难以满足无人动力伞飞行器的控制要求，存在控制精度不高、鲁棒性较差等问题，无法有效发挥无人动力伞飞行器的性能优势。主要原因是这些自动飞行控制方法大都是基于线性模型的线性控制方法，简化或忽略了系统模型中的非线性项和不确定性因素。为了提高无人动力伞飞行器的控制性能，需要针对欠驱动、

非线性、时变系统采用非线性控制方法设计方案。

1.4.2.2　非线性控制方法研究现状

随着非线性系统理论的研究发展，许多非线性控制方法层出不穷。通常非线性特性在不同的系统中具有不同的表现形式，无法将其统一描述和处理，现有的研究思路通常是对不同类型研究对象进行有针对性的研究，所提出的控制方法也都有其应用范围和局限性。目前研究较多的非线性控制方法，如微分几何法、逆系统法、增益切换法、神经网络方法等，针对系统不同的非线性特性具有较好的控制效果，然而当系统存在不确定参数、时变干扰、不确定时滞、不确定增益等不确定性时，这些方法将无法保证系统的稳定性，导致控制效果变差。为了消除这些不确定性的影响，改善控制系统性能，国内外学者对此类复杂非线性系统进行了研究，提出了许多针对性较强的控制方法，其中应用较广泛的主要有自适应控制、鲁棒控制、变结构控制、动态逆控制、反步控制等。我们重点研究了自适应控制、鲁棒控制和反步控制等方法。

1）自适应控制

自适应控制（Adaptive Control）是现代控制理论中发展较为成熟的一种非线性控制技术。自 20 世纪 50 年代后期出现后，受到学术界和工业界的广泛关注。自适应控制主要是为了克服系统未建模动态、参数不确定性以及外界时变干扰对系统控制性能的影响而设计的，其基本思想是当系统受到不确定性影响时，控制器参数进行在线自适应调节，使系统仍然可以达到期望目标状态，或者维持在某一最优/次优状态，简而言之就是“你变我也变”。与传统反馈控制方法相比，自适应控制最大的优点是具有一定的学习和调节能力，当检测到闭环系统某一性能指标超出期望范围时，在线对控制器结构和参数进行自动调节，进而使控制输入发生变化，将系统性能调整至期望状态。这一方式具有类似人为控制器的特性，因此自适应控制具有广阔的应用前景，目前研究较多的自适应控制方法主要有模型参考自适应控制和自校正控制。

自适应控制是一种以不确定非线性系统为研究对象的控制方法。非线性系统所含不确定性可分为两类：一类是系统参数不确定性，此时设计自适应控制器时需要将不确定参数设为常数，若为时变不确定参数，应满足参数变化率比自适应过程慢得多的前提条件；另一类是除参数以外的其他不确定性，此时要求不确定性需满足线性参数化条件，在此基础上设计的自适应控制方法可以保证系统的稳定性。近年来，学者们针对线性参数化不确定非线性系统的自适应控制进行了深入的研究，形成了一套基于 Lyapunov 稳定性理论的控制系统设计方法。但在实际控制系统中许多未知不确定性无法满足线性参数化条件，当系统存在未建模动态或外界时变干扰时，采用传统自适应控制器会使控制性能变差，甚至导致系统不稳定。此外，过渡过程性能变差是另一个阻碍自适应控制走向实际应用的主要原因。目前，不确定非线性系统的自适应控制理论的研究和发展方向主要是将自适应控制思想与其他现代控制方法相结合，扬长避短，进一步提高闭环系统的收敛性、动态性能和鲁棒性，从而形成更先进的控制方法。

2）鲁棒控制

鲁棒控制（Robust Control）一直是国际自动控制领域的研究热点，是一种为了让包含各种不确定性的控制对象满足控制要求而产生的现代控制理论。鲁棒控制具有补偿未建模动态和抑制外界干扰的优势，不需要得到对象的精确模型，但传统的鲁棒控制不具有学习能力，设计鲁棒控制器时一般会假设系统不确定性的界已知，而实际上不确定性的界通常是设计者根据先验知识或主观判断估计得到的，因此为了保证系统的稳定性，控制器设计一般会比较保守。目前，对不确定非线性系统研究较多的两种鲁棒控制方法是滑模控制（Sliding Mode Control，SMC）和 H_∞ 控制。

滑模控制是滑动模态变结构控制的简称，是非线性控制中一种特殊的鲁棒控制方法，其特点是抗干扰能力强，但控制存在不连续性。传统的自适应调节方法是在系统状态发生改变时，通过改变控制输入获得系统的稳定性，而变结构控制是通过改变控制系统的结构使系统获得更好的性能。滑模控制的基本思想是：首先，根据系统期望的动态特性设计所需的滑动超平面；然后，通过反馈控制的结构变化，使系统的状态轨迹到达这个滑动超平面；最后，沿着这一超平面运动至系统原点。滑模控制的优势主要体现在两个方面：一方面是选择合适的滑模面可以满足一定指标下的系统动态性能；另一方面是滑动模态具有不变性，即滑模面对系统参数变化和外界干扰的灵敏度低，抗干扰能力强，且设计思路清晰，实现简单。因此，滑模控制已在航天、机器人等领域得到广泛的关注和应用。另外，滑模控制的不连续性会引起系统的不连续跳变，这种跳变使控制器产生抖振，这也是滑模控制器最大的缺点。

H_∞ 控制是最重要的鲁棒控制方法之一，它以最优敏感性即干扰在输出

上影响最小作为 H_∞ 控制的基本方法，实际上是 Wiener-Hopf 理论和二次型最优控制的发展。学者 Zames 在 1981 年首次提出将 H_∞ 范数作为目标函数，对系统进行优化设计，这可以看作 H_∞ 控制的先驱。近年来，H_∞ 控制的发展大致可以分为三个阶段：第一阶段是频域方法阶段，在设计系统最优控制器时，采用纯频域方法，设计过程复杂，控制器阶数高，难以实现；第二阶段是状态空间方法阶段，采用状态空间方法设计 H_∞ 控制器，从而简化了设计过程的计算量，降低了控制器维数；第三阶段是时域方法及发展阶段，采用纯时域方法表示 H_∞ 性能指标，时变有限时和无限时 H_∞ 控制问题都可以在统一框架下进行解决。这也促使 H_∞ 控制与其他控制方法相结合、渗透，取得了进一步的发展和完善。

3）反步控制

反步控制（Backstepping Control）又称为反演法、反推法，是一种基于 Lyapunov 函数，直接在非线性系统基础上设计控制器的控制方法，设计原理简单且能够有效处理系统不确定性和外界干扰。反步控制的基本思想是：首先将复杂的非线性系统分解为有限个子系统；然后根据 Lyapunov 稳定性理论对每个子系统设计相应的虚拟控制量；最后综合各子系统虚拟控制量得到整个系统的控制器。总体来说反步控制主要有两个优点：一是消除了经典无源性设计中相对阶为 1 的限制，可以控制相对阶为 n 的非线性系统；二是控制器的设计方法更加系统化、结构化，规范了 Lyapunov 函数的构造方法。

近些年，反步控制简便的构造设计过程和对不确定性的良好处理能力逐渐显现，这使其在解决含不确定非线性系统的控制理论方面得到广泛关注和发展。与此同时，针对不同类型的非线性系统，反步控制与自适应控制、鲁棒控制、智能控制等相结合的方法也显示出其独特的优势，其中自适应反步控制发展最早，取得了一系列研究成果。

进一步地，为了提高自适应反步控制对不确定性和外部干扰的鲁棒性，采用鲁棒控制与反步控制相结合对控制器自适应律进行修正，进而出现了鲁棒自适应反步控制。Khaled 将滑模控制与反步控制相结合，针对一类不确定非线性系统设计了鲁棒自适应反步控制器，所提控制策略能够保证闭环系统信号最终一致有界，跟踪误差渐近收敛到零，但也同时引入了滑模控制的抖振问题。Pervaiz 将积分滑模控制和自适应反步控制相结合，并引入一类含非匹配不确定性的非三角形的非线性系统，保证了较高的跟踪精度和稳态特性。

为了解决反步控制法对不满足参数线性化条件的非线性系统的控制问题，学者们将学习、调节能力更强的智能控制方法与反步控制法相结合，提出了智能自适应反步控制法。Azimi 针对一类含匹配/非匹配不确定性的欠驱动机器人系统控制问题，提出了一种自适应模糊反步控制方法，采用模糊系统对不确定非线性函数进行在线逼近，运用 Lyapunov 理论分析证明设计的控制律能够使闭环系统所有信号半全局一致有界；Hsu 利用径向基神经网络在线估计非线性系统的不确定性，设计了估计误差的自适应律，并采用一种平滑切换法有效避免了控制器奇异值问题。反步控制法的设计基于 Lyapunov 原理，保证了系统的稳定性。应注意的是，大多数智能控制方法在稳定性方面只能保证系统跟踪误差收敛于一个与不确定性有关的球形邻域内。

为了解决传统反步控制法随着阶数升高在虚拟控制量求导过程中出现"维数膨胀"的问题，提出了减小控制器计算量的一系列方法。Chen 等人提出了动态面控制方法，通过在每一步设计中加入一阶滤波器，利用滤波器对虚拟控制量进行求导，有效避免了直接求导时的"维数膨胀"问题，但同时也降低了控制器的动态特性；Farrell 在动态面控制的基础上，进一步提出了滤波反步控制法，利用二阶滤波器对虚拟控制信号及其导数进行估计。研究表明，所提方法较动态面方法具有更好的控制性能。

1.4.3 航迹规划研究现状

航迹规划是指在满足一定约束条件的基础上，求解从初始点到目标点能够满足特定性能要求的轨迹，是实现无人动力伞飞行器安全自主飞行的关键之一。当前，随着无人动力伞飞行器系统的迅速发展，无人动力伞飞行器在各种复杂飞行环境中的应用越来越多，要实现自主飞行，完成作战任务，需要更为精确的航迹规划方法为其任务系统提供基础。

目前，翼伞系统航迹规划的研究成果主要集中在无动力空投系统的定点着陆等方面。鉴于翼伞空投系统有着与无人动力伞飞行器相似的气动性能和动力学特性，这些研究成果对研究不同任务下的无人动力伞飞行器航迹规划问题有着重要的借鉴意义。

翼伞系统发展至今，主要有以下 3 种经典的航迹规划方法。

(1) 简单规划法。主要包括非比例控制、比例控制、二阶比例控制、带锥形盲区的径向控制、改进的锥形控制、定方位角控制以及带盲区的非比例控制等方法，这一类方法采用固定或与航向偏差成比例的转弯速度来控制系统的航向偏差，使其速度方向始终与目标点对准。该方法以其原理简单、易实现的特点，在早期的研究和工程实现中得到广泛应用，但该方法在控制过程中的频繁操作容易消耗更多能量，不利于提高系统的飞行效率。

（2）最优控制法。采用最优控制理论，针对翼伞系统不同飞行阶段的特定性能指标，求解相应的最优控制律和飞行轨迹。最优控制法一般是以控制量最小为最优指标，但该方法的控制曲线是连续变化的，如此一来，控制量的频繁变化将会引起系统的不稳定，在工程中不易实现。

（3）分段控制法。首先将飞行轨迹分为目标接近段、盘旋降高段和滑翔着陆段，然后针对每段轨迹的性能要求对系统参数进行优化。分段控制法的优点在于鲁棒性强，其将轨迹分为三个阶段有利于发挥翼伞系统滑翔和转弯的飞行性能，简化了航迹规划过程，降低了系统的控制难度。

除上述经典的航迹规划方法外，近年来，学者们相继提出了智能优化法、伪谱法和快速扩展随机树算法（Rapidly-Exploring Random Tree，RRT）等新型规划方法。下面按照不同方法的研究进展，对包括经典方法在内的翼伞航迹规划研究现状如表 1-6 所示。

表 1-6　航迹规划研究现状

航迹规划方法	贡献者	研究内容
简单控制法	Goodrick	对简单规划方法中的不同方法进行了对比研究。研究表明，径向规划法对风力干扰的敏感性不高，但控制过程操作频繁，容易消耗过多能量，且进一步通过引入多状态量的改进方法对提高航迹控制精度作用有限
	Li	基于带盲区的非比例控制方法设计期望航迹，给出了相应的计算过程和面向目标点的偏航控制准则。研究表明，该方法可操作性强，能够直接在工程中实现

续表

航迹规划方法	贡献者	研究内容
最优控制法	Carter	针对翼伞系统末端导航阶段，考虑逆风干扰，基于虚拟域反动力学方法设计参考航迹，并采用最优控制理论对翼伞最优控制进行了求解
	Rademacher	研究了时间最优、能量最优和时间-能量最优三种最优控制法，提出了以高度裕度为判断准则的规划方法，根据系统的飞行性能合理利用三种最优控制法，实现精确归航控制
分段控制法	Soppa	首次提出将规划过程分为三个阶段，并对各段的起始状态、任务要求和控制方法进行了介绍，最后以 X-38 归航过程为例，分析了方法的可行性
	谢亚荣	对威胁环境进行建模，采用粒子群算法对期望航迹进行了优化，设计了翼伞系统的可行轨迹和轨迹跟踪控制方法。仿真结果表明，规划航迹能够满足高度和航程要求
伪谱法	高海涛	鉴于高斯伪谱法求解精度高、收敛速度快的特点，将其应用于翼伞系统归航航迹优化中，提出了异常工况下的轨迹容错设计方法，求解系统最优航迹
智能优化法	于群涛	考虑风场的影响，提出一种基于 Bezier 和改进粒子群的风场翼伞航迹规划方法，该方法将航迹规划问题转换成 Bezier 曲线的参数寻优问题，采用改进粒子群算法求解最优解。结果表明，算法能够在风场条件下求得满足性能指标的最优航迹

续表

航迹规划方法	贡献者	研究内容
RRT 方法	Sugel	建立翼伞系统的质点运动模型和威胁环境模型，考虑外界风力干扰，提出了基于快速扩展随机树的归航航迹规划算法。研究结果表明，算法能够在保证系统飞行安全性的同时，提高规划效率，具有良好的鲁棒性，可以实现任意高度、任意地形的归航航迹规划
其他	梁海燕	研究了翼伞系统威胁规避轨迹优化问题，采用控制量参数化方法和精确罚函数优化算法对系统的轨迹最优化问题进行求解。仿真结果表明，所提算法控制能耗低，偏差满足实际应用要求

综上所述，近些年来，各位学者和科研人员不断针对翼伞系统的航迹规划方法进行研究。一方面从计算精度方面对经典的优化设计方法进行了改进，如改进径向规划法；另一方面将发展较快的新型优化方法引入航迹规划，扩展其应用范围，不但提出了优化性能更高的高斯伪谱法，还提出了规划效率更高、适合复杂威胁环境搜索的 RRT 方法。当然针对包括 UPV 在内的翼伞系统航迹规划研究仍未止步，随着航迹规划问题的不断涌现，将会不断出现新的规划设计方法。

第 2 章　UPV 非线性运动模型

本章首先对 UPV 的组成和结构参数进行介绍，在考虑系统柔固耦合的连接特点与翼伞附加质量的基础上，对系统进行动力学分析；然后设计可变迎角控制机构，在对不同结构进行相对运动分析的基础上，建立系统非线性运动模型，为自动飞行控制系统设计提供模型基础。

2.1　引言

UPV 非线性建模研究的实质是建立一组能够反映 UPV 实际飞行特性的运动方程，并通过对系统的运动特性分析，验证运动模型的准确性。虽然针对飞行器的建模研究已有较多成果，但 UPV 独特的结构特点，决定了其建模过程的特殊性。一方面，翼伞是 UPV 的主要气动力来源，悬挂平台搭载了推进装置，两体之间采用伞绳柔性连接，且连接数量为多点，这一结构导致 UPV 的几何参数、空气动力学和质量特性与常规飞行器有着很大区别，因此常规飞行器的运动模型不适用于 UPV；另一方面，相比无动力的可控翼伞系统，UPV 一般采用多点连接结构，且悬挂平台还要受发动机推力的作用，这是 UPV 在建模过程中与无动力的可控翼伞的最大不同。因此，在对 UPV 进行建模的研究过程中，必须依据其特殊的结构特点，在分析各种作用力相互作用的基础上，建立其运动模型。

由第 1 章可知，UPV 的建模方法主要有两种。一种是机理分析方法，通过对 UPV 各部分进行受力分析，基于牛顿运动定律建立系统的力和力矩平衡方程，进而得到结构参数及控制操作与 UPV 运动性能的关系。机理分析方法要求研究者对系统物理结构和动力学机制有深入的了解。另一种是系统辨识方法，基于试验数据，采用辨识方法对模型未知参数或整体模型进行辨识，得到反映 UPV 运动特性的近似模型。由于缺乏大量的飞行试验数据，我们采用机理分析方法对 UPV 进行建模。

目前，国内外学者已经采用机理分析方法建立了多种不同自由度的翼伞系统运动模型。在现有的模型中，根据系统结构和对运动假设的不同，模型的自由度可分为 6~12DOF 不等。其中，翼伞系统在早期的发展中，将其视为两体（翼伞和悬挂平台）单点连接结构，这一结构使翼伞与悬挂平台在各自由度上具有显著的相对运动，有学者依此建立了两体 12DOF 模型与 9DOF 模型。研究结果表明，这些模型虽然可以完整地描述系统的相对运动，但存在气动参数多、模型复杂度高等缺点，不易进行试验验证。翼伞系统 6DOF 模型将翼伞和悬挂平台视为刚性连接的整体，忽略了两体间的相对运动，通常将翼伞的附加质量表示为标量形式，主要用于系统整体运动规律的研究。这类模型的特点是分析过程简单、模型简单，适合在设计的初期对系统整体的运动状态进行研究和描述。随着翼伞系统结构的发展和改进，当前包括 UPV 在内的翼伞系统，主要采用两体两点连接结构，这一结构有利于抑制两体间的相对滚转运动，从而建立系统 8DOF 模型，这一模型也更适合 UPV 的建模分析。但值得注意的是，考虑两体相对俯仰与相对偏航运动的 8DOF 模型，相比于 6DOF 模型仍然具有较高的复杂度，不适合直接用来设计控制器。因此，如何建立一种既能保证对系统性能的全面描述，又能避免无谓复杂化的系统运动模型，是实现 UPV 自主飞行控制亟待解决的问题。

基于上述讨论，本章首先介绍了 UPV 的结构布局和几何参数，根据气动力学理论，给出了附加质量的概念和计算方法；其次，考虑 UPV 的两体连接结构特点，将系统分为翼伞和悬挂平台两个部分，采用机理分析方法，对系统进行动力学分析；再次，针对常规 UPV 结构控制性能的不足，结合相关文献和课题组研究成果，对系统结构进行改进，设计了可变迎角控制机构，提高了高度的可控性；最后，对不同结构下的两体相对运动特性进行分析，建立了系统非线性运动模型，为自动飞行控制系统设计提供理论依据和模型基础。

2.2　系统组成与结构参数

2.2.1　系统组成

UPV 系统分为翼伞和悬挂平台两个部分，翼伞主要包括伞衣、悬挂伞绳、控制伞绳和吊带等结构，悬挂平台搭载有螺旋桨发动机、机载任务设备、控制执行机构和飞行控制系统等。UPV 系统组成如图 2-1 所示。

图 2-1 UPV 系统组成

翼伞伞衣采用抗撕编织物缝制而成，具有上下两个翼面和一定数量的翼肋，将伞衣内部分割成小的气室，两侧和后缘缝合，前缘设置切向进气口，当翼伞起飞撑满后，伞衣受空气冲压作用，形成一定几何形状的三面封闭腔体，翼肋设有气孔，保证各气室内部空气的流动，以平衡各部分压力。由伞衣结构可见，翼型形状、伞衣面积、前缘切口、翼型弧度等因素决定了翼伞的气动特性。

悬挂伞绳是翼伞与悬挂平台的连接装置，一般由伞衣前缘至后缘分为 4 组连接，每组伞绳从翼伞纵向中心轴沿两侧展长方向呈对称分布，在吊带处形成左右两束与悬挂平台相连接。悬绳的长短分布，以及与悬挂平台的连接方式决定了翼伞的安装角和飞行器的运动特性和稳定性。

控制伞绳和控制执行机构组成了 UPV 翼伞部分的控制系统，控制伞绳与伞衣后缘相连接，连接方式与悬挂伞绳相同。其控制原理是：当执行机构操纵单侧控制伞绳下拉时，该侧伞衣后缘产生弧形下偏，控制量越大，下偏程度和形变越明显，此时该侧伞衣阻力增大，产生向同侧方向的偏航力矩，实现 UPV 的转弯操作，类似于常规飞行器的副翼结构；当无人动力伞准备降落时，降低发动机推力，无人动力伞逐步降低高度，在接近地面时，操纵控制伞绳双侧同时下拉，翼伞升阻比迅速减小，此时同时关闭发动机，将实现无人动力伞飞行器的“软着陆”，这一控制过程称为“雀降过程”。

悬挂平台安装的设备包括自动飞行控制装置、发动机及螺旋桨、航电设备、电源设备等，此外还搭载有任务载荷设备和空中数据链终端设备。悬挂平台通过改变动力装置的转速，可以控制动力伞的飞行速度和飞行高度。

2.2.2　结构参数

UPV 在飞行过程中的气动特性主要由翼伞决定，悬挂平台一般设计为规则的刚体框架结构，其外形对系统的气动性能影响较小，在分析过程中通常忽略悬挂平台所产生的升力。因此，本节重点对翼伞的结构和相关参数进行定义。翼伞结构参数如图 2-2 所示。

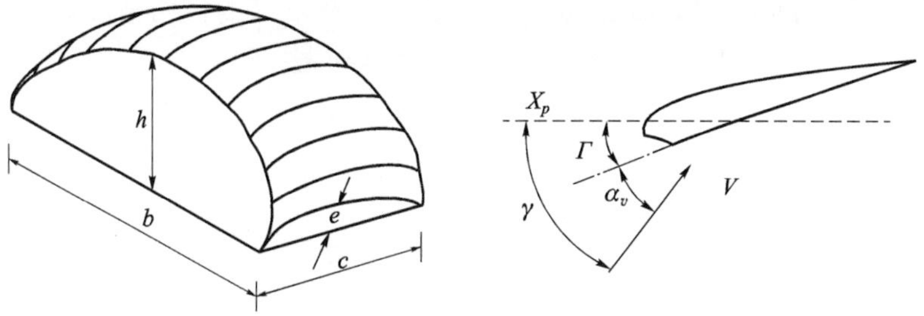

图 2-2　翼伞结构参数

图 2-2 中翼伞参数如下。

弦长 c：翼伞充气后，水平投影沿弦向的长度；

展长 b：翼伞充气后，水平投影沿展向的长度；

展弦比 AR：展长 b 与弦长 c 的比值；

翼伞等效面积 S_p：当翼型为矩形时，近似为 $S_p=bc$；

迎角 Γ：伞衣完全充满后，纵向剖面参考弦长与水平线 X_p 的夹角，这一夹角由翼伞弦向各伞绳的长度决定，在飞行过程中，一般选取固定的安装角；

名义拱高 h：伞衣充满形成固定形状后，翼伞弧度最高点与两端连线的距离；

翼伞厚度 e：翼伞纵向剖面上下弦线的最大距离；

翼伞攻角 α_v：翼伞纵向剖面下弦线与来流 V 的夹角；

滑翔角 γ：飞行轨迹与水平线 X_p 的夹角。

2.3　翼伞的附加质量

2.3.1　附加质量的概念

附加质量（Additional Mass）在现代流体动力学理论中有明确的概念。

当对象在真空环境中受到外力作用做加速运动时，只有对象的动能发生变化，而在流体中运动时则不同，不仅对象本身的动能会发生变化，其周围受扰动的流体的动能也随之改变。通常把受扰动的这部分流体的质量称为附加质量。

若质量为 m 的对象在真空中受外力 F 的作用做加速运动，此时对象运动的速度和加速度分别为 v 和 $\dot{v}$，则动量方程可表示为

$$F=m\dot{v} \tag{2-1}$$

若质量相同的对象在理想流体中，受同样外力 F 的作用做加速运动时，会受到大小为 F' 的惯性力，则对象的动量方程可表示为

$$F-F'=m\dot{v} \tag{2-2}$$

将这一惯性力 F' 等效为某一质量 m_a 做加速度为 $\dot{v}$ 的运动时的动量形式：

$$F'=m_a\dot{v} \tag{2-3}$$

将式（2-3）代入式（2-2）得

$$F=(m+m_a)\dot{v} \tag{2-4}$$

由式（2-4）可以看出，附加质量相当于对象在理想流体中运动时，在本身质量的基础上增加了周围流体的质量。由式（2-3）可以看出，此时附加质量只计算了物体做平面运动时的质量项，除此之外，附加质量还应包括物体做转动运动时的惯量项及两种运动的耦合项。

通常情况下，附加质量为一个 6×6 的二阶张量 $\boldsymbol{a}_{ij}(i,j=1,\cdots,6)$，包含 36 个分量。根据对称性 $\boldsymbol{a}_{ij}=\boldsymbol{a}_{ji}$，独立分量可减少至 21 个。其中，将包含质量和静矩的量纲分别表示为附加质量 $\boldsymbol{a}_{ij}(i,j=1,2,3)$ 和附加静矩 $\boldsymbol{a}_{ij}(i=1,2,3;j=4,5,6)$；将包含二次矩的量纲表示为 $\boldsymbol{a}_{ij}(i,j=4,5,6)$，且 $i=j$ 分量称为附加惯性矩，$i\neq j$ 分量称为附加惯性积。为了便于描述，在现有多数文献中，一般将 $\boldsymbol{a}_{ij}$ 统称为附加质量。

2.3.2 附加质量的计算

由附加质量的概念可知，其表征了物体在理想流体中作定常与非定常运动时，流体对物体作用的差别，且这一差别的大小由流体密度与物体平均密度的相对关系所决定。当流体密度远小于物体平均密度时，可以忽略附加质量对物体运动的影响；而当流体密度与物体平均密度在同一数量级或差别不大时，就必须考虑附加质量对物体动力学建模的影响。对于 UPV

来说，飞行时周围流体为空气，且翼伞充满气后具有小质量、大体积的特点，导致其平均密度（质量与体积之比）与空气密度相差不大。因此，在对翼伞进行动力学分析时必须考虑附加质量对其运动的影响。

目前，对翼伞附加质量的计算方法主要有三种：一是标量法，即将附加质量视为一个均匀分布的质量块，其质心位于翼伞形心，且质量为翼伞质量加内部空气质量的一半，但在分析时不考虑其重力；二是由 Lissaman 给出的附加质量矩阵形式；三是由 Barrows 在方法二的基础上对矩阵进行扩展，得到附加质量的二阶张量矩阵形式。对于 UPV 的建模分析来说，翼伞充满后具有类似于机翼的流线型布局，且柔性特点使得表面流体具有分离再附着的趋势。因此，综合上述方法，基于势场流理论的方法三更适合于翼伞附加质量的计算。

1）基本假设

（1）翼伞坐标系的 OXZ 平面位于其纵向对称面上；

（2）翼伞的侧剖面为前后对称的椭圆（图 2-3），即翼伞具有两个对称面；

（3）翼伞充满后整体保持弧形，且具有两个转动中心，即滚转中心 G 和俯仰中心 F，均与伞绳交汇点 C 共线，位于翼伞两对称面的交线上，$\boldsymbol{l}_{GF}$ 表示两个转动中心之间的距离矢量（图 2-3 和图 2-4）。

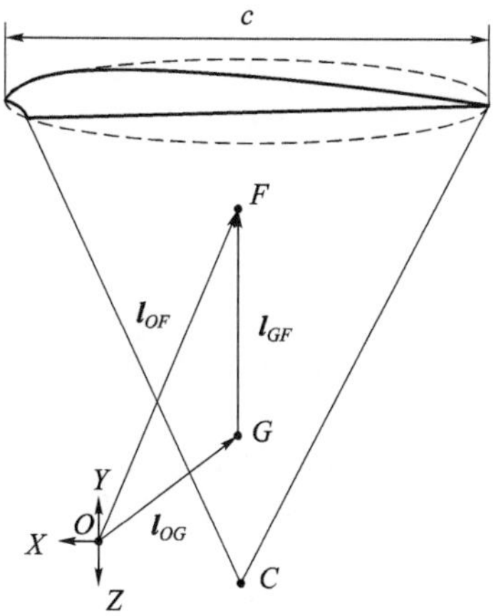

图 2-3　翼伞侧视图

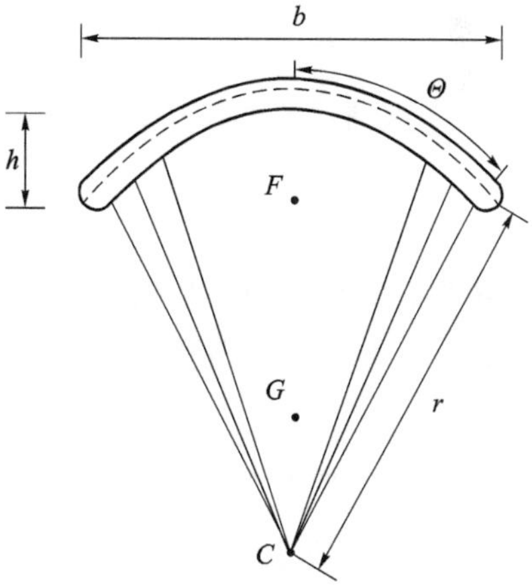

图 2-4　翼伞正视图

根据假设条件，翼伞具有两个对称面 OXZ 和 OYZ，这样可以利用翼伞的对称性，来减少附加质量分量的计算个数，进一步降低计算复杂度，因此有

$$\begin{cases} a_{12}=a_{14}=a_{16}=a_{23}=a_{25}=a_{34}=a_{36}=a_{45}=a_{56}=0 \\ a_{13}=a_{26}=a_{35}=a_{46}=0 \end{cases} \tag{2-5}$$

根据上述分析和式（2-5）可知，在 21 个独立分量中只剩下 8 个分量需要确定。

2）翼伞附加质量的确定

由基于势场流理论的附加质量矩阵形式可得，平直翼伞附加质量的计算公式为

$$\begin{cases} a_{p11}=\dfrac{e^2b}{4}k_A\rho\pi,a_{p22}=\dfrac{e^2c}{4}k_B\rho\pi,a_{p33}=\dfrac{e^2b}{4}\dfrac{AR}{1+AR}\rho\pi \\ a_{p44}=0.055b^3c^2\dfrac{AR}{1+AR}\rho,a_{p55}=0.0308bc^4\dfrac{AR}{1+AR}\rho,a_{p66}=0.055b^3e^2\rho \end{cases} \tag{2-6}$$

式中，增加了三维效应的修正因子 k_A 和 k_B，通常分别取 0.85 和 1.0。

进一步定义翼伞两个转动中心间的距离矢量为 $\boldsymbol{l}_{GF}=[x_{GF},y_{GF},z_{GF}]^{\mathrm{T}}$，两个中心到伞绳交汇点 C 的距离矢量为 $\boldsymbol{l}_{CG}=[x_{CG},y_{CG},z_{CG}]^{\mathrm{T}}$ 和 $\boldsymbol{l}_{CF}=[x_{CF},y_{CF},z_{CF}]^{\mathrm{T}}$，由翼伞侧视图（图 2-3）中各距离矢量的位置关系可得

$$\begin{cases} x_{GF}=y_{GF}=0,z_{GF}=l_{GF} \\ x_{CF}=y_{CF}=0,z_{CF}=\dfrac{\int_{-\Psi}^{\Psi}r^2\cos\psi\,\mathrm{d}\psi}{\int_{-\Psi}^{\Psi}r\,\mathrm{d}\psi}=\dfrac{r\sin\Theta}{\Theta} \\ x_{CG}=y_{CG}=0,z_{CG}=\dfrac{z_{CF}a_{p22}}{a_{p22}+a_{p44}/r^2} \end{cases} \tag{2-7}$$

考虑翼伞弧形弯曲，利用式（2-7），对平直翼伞附加质量的计算方法进行了进一步修正，可得圆弧形翼伞的平动与转动附加质量分量计算公式：

$$\begin{cases} m_{a11}=k_A\left(1+\dfrac{8}{3}h^{*2}\right)\rho\pi\dfrac{e^2b}{4},m_{a22}=\dfrac{1}{z_{CF}^2}\left(k_B\rho\pi\dfrac{r^2e^2c}{4}+0.055\dfrac{AR}{1+AR}\rho b^3c^3\right) \\ m_{a33}=\dfrac{c^2b}{4}\dfrac{AR}{1+AR}\rho\pi,m_{a44}=\dfrac{1}{z_{CF}^2}\left(r^2\dfrac{e^2c}{4}k_B\rho\pi z_{GF}^2+0.055b^3c^2\dfrac{AR}{1+AR}\rho z_{CG}^2\right) \\ m_{a55}=0.0308bc^4\dfrac{AR}{1+AR}\rho,m_{a66}=(1+8h^{*2})0.055b^3e^2\rho \end{cases} \tag{2-8}$$

式中，

$$h^{*}=\frac{r(1-\cos\Theta)}{2r\sin\Theta}\cong\frac{\Theta}{4}$$

定义如下变量：

$$\boldsymbol{l}_{OG}^{\times}=\begin{bmatrix}0&-\boldsymbol{l}_{OG}&0\\\boldsymbol{l}_{OG}&0&0\\0&0&0\end{bmatrix},\ \boldsymbol{l}_{GF}^{\times}=\begin{bmatrix}0&-\boldsymbol{l}_{GF}&0\\\boldsymbol{l}_{GF}&0&0\\0&0&0\end{bmatrix},\ \boldsymbol{R}=\begin{bmatrix}0&0&0\\0&1&0\\0&0&0\end{bmatrix}$$

$$\boldsymbol{M}_{a1}'=\begin{bmatrix}m_{a11}&0&0\\0&m_{a22}&0\\0&0&m_{a33}\end{bmatrix},\ \boldsymbol{M}_{a4}'=\begin{bmatrix}m_{a44}&0&0\\0&m_{a55}&0\\0&0&m_{a66}\end{bmatrix}$$

式中，$\boldsymbol{l}_{OG}$和$\boldsymbol{l}_{GF}$为伞体坐标系下，坐标原点 O 到滚转中心 G，以及滚转中心 G 到俯仰中心 F 的距离矢量。

由以上变量可以得下列等式：

$$\boldsymbol{M}_{a1}=\boldsymbol{M}_{a1}' \tag{2-9}$$

$$\boldsymbol{M}_{a2}=-\boldsymbol{M}_{a1}'(\boldsymbol{l}_{OG}^{\times}+\boldsymbol{l}_{GF}^{\times}\boldsymbol{R})=\begin{bmatrix}0&m_{a11}(\boldsymbol{l}_{OG}+\boldsymbol{l}_{GF})&0\\m_{a22}l_{GF}&0&0\\0&0&0\end{bmatrix} \tag{2-10}$$

$$\boldsymbol{M}_{a3}=\boldsymbol{M}_{a2}^{\mathrm{T}} \tag{2-11}$$

$$\boldsymbol{M}_{a4}=\boldsymbol{M}_{a4}'-\boldsymbol{l}_{OG}^{\times}\boldsymbol{M}_{a1}'\boldsymbol{l}_{OG}^{\times}-\boldsymbol{l}_{GF}^{\times}\boldsymbol{M}_{a1}'\boldsymbol{l}_{GF}^{\times}\boldsymbol{R}-\boldsymbol{R}\boldsymbol{L}_{GF}^{\times}\boldsymbol{M}_{a1}'\boldsymbol{l}_{OG}^{\times}-(\boldsymbol{R}\boldsymbol{L}_{GF}^{\times}\boldsymbol{M}_{a1}'\boldsymbol{l}_{OG}^{\times})^{\mathrm{T}}=$$
$$\begin{bmatrix}m_{a44}&0&0\\0&m_{a55}+m_{a11}(\boldsymbol{l}_{OG}+\boldsymbol{l}_{GF})^{2}&0\\0&0&m_{a66}\end{bmatrix} \tag{2-12}$$

翼伞附加质量在翼伞坐标系下的计算公式为

$$\boldsymbol{M}_{a}=\begin{bmatrix}m_{a11}&0&0&0&m_{a15}&0\\0&m_{a22}&0&m_{a24}&0&0\\0&0&m_{a33}&0&0&0\\0&m_{a42}&0&m_{a44}&0&0\\m_{a51}&0&0&0&m_{a55}&0\\0&0&0&0&0&m_{a66}\end{bmatrix}=\begin{bmatrix}\boldsymbol{M}_{a1}&\boldsymbol{M}_{a2}\\\boldsymbol{M}_{a3}&\boldsymbol{M}_{a4}\end{bmatrix} \tag{2-13}$$

2.4 动力学分析

2.4.1 系统特点与基本假设

从整体结构与飞行动力学的角度来看，UPV 具有以下特点。

（1）翼伞和悬挂平台两体柔性连接，它们之间具有一定的相对运动。

（2）发动机推力作用在悬挂平台的质心。

（3）动力学分析时考虑了翼伞的附加质量。

针对 UPV 的结构特点，在进行建模和分析之前有必要对其做以下几点基本假设。

（1）翼伞充满气后形状保持不变，除尾缘下偏外，可视为刚体，具有两个对称面。

（2）翼伞与悬挂平台通过两组伞绳连接，共有两个连接点，飞行过程中伞绳的长度不变。

（3）悬挂平台假设为外形规则的几何体且质量均匀，升力可忽略不计。

2.4.2 坐标系定义

为了准确描述系统的位置、速度和力学矢量，定义如图 2–5 所示的坐标系。

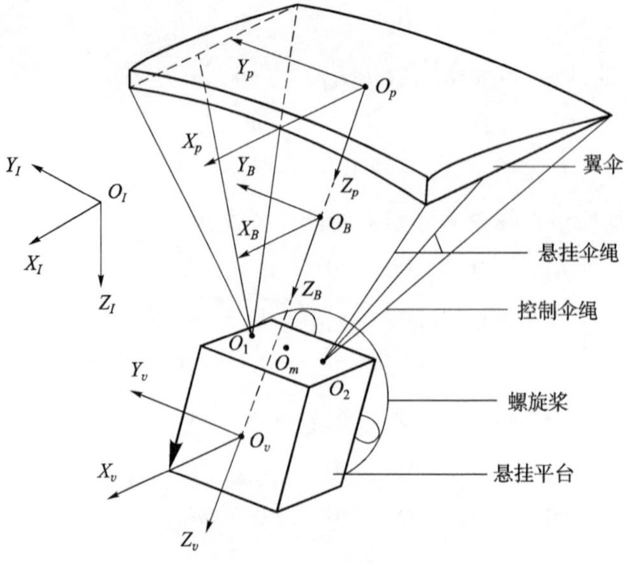

图 2–5 坐标系定义

(1) 惯性坐标系 $\Sigma_I(X_I,Y_I,Z_I)$：取空间某固定点 O_I 为原点，$O_IX_IY_I$ 与水平面平行，Z_I 轴正方向沿 O_I 点向下与 $O_IX_IY_I$ 面垂直，O_IZ_I 与其他两坐标轴构成右手坐标系。

(2) 翼伞坐标系 $\Sigma_p(X_p,Y_p,Z_p)$：取翼伞质心 O_p 为原点，O_pZ_p 沿原点 O_p 指向悬绳与悬挂平台的连接点中点 O_m，O_pX_p 在纵向对称平面内与 O_pZ_p 垂直，指向翼伞前缘，O_pY_p 其他两坐标轴构成右手坐标系。

(3) 悬挂平台坐标系 $\Sigma_v(X_v,Y_v,Z_v)$：取悬挂平台质心 O_v 为原点，O_vX_v 沿推力方向向前，O_vZ_v 在悬挂平台纵向对称平面内与 O_vX_v 轴垂直，方向向下，O_vY_v 其他两坐标轴构成右手坐标系。

(4) 体坐标系 $\Sigma_B(X_B,Y_B,Z_B)$：取系统质心 O_B 为原点，O_BZ_B 方向沿原点 O_B 指向悬挂平台质心，O_BX_B 在系统对称平面内与 O_BZ_B 垂直，方向向前，O_BY_B 其他两坐标轴构成右手坐标系。

惯性坐标系到体坐标系的转换矩阵由系统的姿态角（ϕ,θ,ψ）定义：

$$\boldsymbol{T}_{IB}=\begin{bmatrix} c\theta c\psi & c\theta s\psi & -s\theta \\ s\phi s\theta c\psi-c\phi s\psi & s\phi s\theta s\psi+c\phi c\psi & s\phi c\theta \\ c\phi s\theta c\psi+s\phi s\psi & c\phi s\theta s\psi-s\phi c\psi & c\phi c\theta \end{bmatrix} \tag{2-14}$$

式中，对于任意 α 有 $\sin\alpha=s\alpha$，$\cos\alpha=c\alpha$，惯性坐标系到翼伞坐标系的转换矩阵 $\boldsymbol{T}_{Ip}$形式与 $\boldsymbol{T}_{IB}$类似，但由翼伞姿态角（ϕ_p,θ_p,ψ_p）定义。

忽略伞绳的形变，不考虑相对滚转运动，悬挂平台坐标系到翼伞坐标系的转换矩阵可由悬挂平台相对于翼伞的两个姿态角（ψ_{vp},θ_{vp}）定义：

$$\boldsymbol{T}_{vp}=\begin{bmatrix} c\theta_{vp}c\psi_{vp} & -s\psi_{vp} & s\theta_{vp}c\psi_{vp} \\ c\theta_{vp}s\psi_{vp} & c\psi_{vp} & s\theta_{vp}s\psi_{vp} \\ -s\theta_{vp} & 0 & c\theta_{vp} \end{bmatrix} \tag{2-15}$$

2.4.3　运动学方程

在上述坐标系中定义 UPV 在三维空间中的运动参数，系统的位置$\boldsymbol{\eta}_1=[x\quad y\quad z]^{\mathrm{T}}$ 和姿态角$\boldsymbol{\eta}_2=[\phi\quad\theta\quad\psi]^{\mathrm{T}}$ 定义在惯性坐标系中，其中 ϕ、θ 和 ψ 分别表示系统的滚转角、俯仰角和偏航角；线速度 $\boldsymbol{\nu}_1=[u\quad v\quad w]^{\mathrm{T}}$ 和角速度$\boldsymbol{\nu}_2=[p\quad q\quad r]^{\mathrm{T}}$ 定义在体坐标系中，其中 u、v 和 w 分别表示系统前向、侧向和垂向速度，p、q 和 r 分别表示滚转、俯仰和偏航角速度。

根据惯性坐标系与体坐标系的相互关系，可以得到 UPV 的平移运动学方程为

$$\begin{bmatrix} \dot{x} \\ \dot{y} \\ \dot{z} \end{bmatrix} = \boldsymbol{T}_{IB}^{\mathrm{T}} \begin{bmatrix} u \\ v \\ w \end{bmatrix} \tag{2-16}$$

即$\dot{\boldsymbol{\eta}}_1 = \boldsymbol{T}_{IB}^{\mathrm{T}} v_1$。

UPV 姿态角和角速度的转动运动学方程为

$$\begin{bmatrix} \dot{\phi} \\ \dot{\theta} \\ \dot{\psi} \end{bmatrix} = \boldsymbol{J}(\boldsymbol{\Theta}) \begin{bmatrix} p \\ q \\ r \end{bmatrix} \tag{2-17}$$

即$\dot{\boldsymbol{\eta}}_2 = \boldsymbol{J}(\boldsymbol{\Theta}) v_2$，式中，$\boldsymbol{J}(\boldsymbol{\Theta}) = \begin{bmatrix} 1 & \sin\phi\tan\theta & \cos\phi\tan\theta \\ 0 & \cos\phi & -\sin\phi \\ 0 & \sin\phi/c\theta & \cos\phi/c\theta \end{bmatrix}$。

2.4.4 力与力矩分析

2.4.4.1 翼伞力平衡方程

翼伞充满气后，在飞行过程中的受力主要包括重力$\boldsymbol{F}_{pG}$、气动力$\boldsymbol{F}_{pA}$、惯性力$\boldsymbol{F}_{pI}$和伞绳拉力$\boldsymbol{F}_{pT}$。力的平衡方程为

$$\boldsymbol{F}_{pG} + \boldsymbol{F}_{pA} + \boldsymbol{F}_{pI} + \boldsymbol{F}_{pT} = \boldsymbol{0}_{3\times1} \tag{2-18}$$

各分量计算如下。

(1) 定义翼伞伞衣及内部气体质量为 m_p，则翼伞所受重力 $\boldsymbol{F}_{pG}$ 可表示为

$$\boldsymbol{F}_{pG} = m_p g\left[-\sin\theta_p \ \cos\theta_p\sin\phi_p \ \cos\theta_p\cos\phi_p\right]^{\mathrm{T}} \tag{2-19}$$

(2) 翼伞气动力$\boldsymbol{F}_{pA}$主要包括基本气动力$\boldsymbol{F}_{pAR}$（升力与阻力）、附加质量产生的气动力$\boldsymbol{F}_{pAM}$，以及操作翼伞控制伞绳产生的气动力$\boldsymbol{F}_{pA\delta}$，可表示为

$$\boldsymbol{F}_{pA} = \boldsymbol{F}_{pAR} + \boldsymbol{F}_{pAM} + \boldsymbol{F}_{pA\delta} \tag{2-20}$$

针对翼伞的展开椭圆形状与前后非对称特点，翼伞与内部气体产生的气动力采用 Goodrick 提出的方法，即将翼伞沿展长方向等间隔划分为 8 块，划分结果如图 2-6 所示。单独计算各块气动力后进行等效叠加。

各块的气动力计算公式为

$$\boldsymbol{F}_{L_i} = k_i C_{Li}(0.5\rho S_{ci}\sqrt{u_{ci}^2 + w_{ci}^2})\left[w_{ci} \quad 0 \quad -u_{ci}\right]^{\mathrm{T}} \tag{2-21}$$

$$\boldsymbol{F}_{D_i} = -C_{Di}(0.5\rho S_{ci} V_i)\left[w_{ci} \quad 0 \quad -u_{ci}\right]^{\mathrm{T}} \tag{2-22}$$

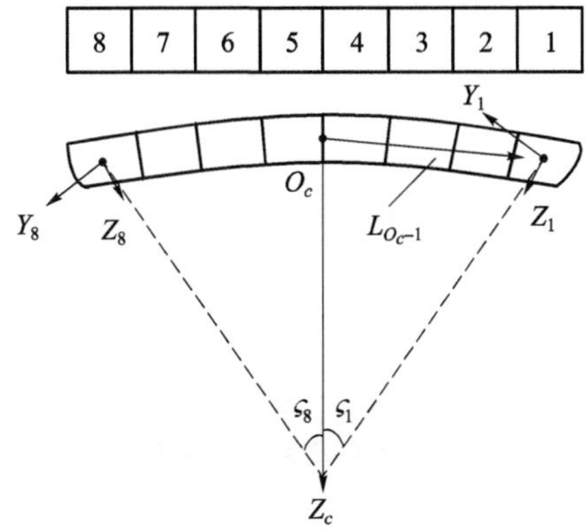

图 2-6　气动力分块示意图

式中，k_i 为乘积因子（$k_1, k_8 = 0.6, k_2, k_7 = 1.0, k_3, k_6 = 1.16, k_4, k_5 = 1.24$）；$S_{ci}$为各块面积；$C_{Li}$和 C_{Di}为升力和阻力系数。

翼伞整体的气动力叠加计算为

$$\boldsymbol{F}_{pAR} = \sum_{i=1}^{8} \boldsymbol{T}_{i-O_c}(\boldsymbol{F}_{L_i} + \boldsymbol{F}_{D_i}) \tag{2-23}$$

式中，$\boldsymbol{T}_{i-O_c}$为第 i 块分坐标系与翼伞坐标系的转换矩阵，由伞绳与中轴线的夹角 ς_i 表示，其表达式为

$$\boldsymbol{T}_{i-O_c} = \begin{bmatrix} 1 & 0 & 0 \\ 0 & \cos\varsigma_i & \sin\varsigma_i \\ 0 & -\sin\varsigma_i & \cos\varsigma_i \end{bmatrix} \tag{2-24}$$

由式（2-13）可得翼伞附加质量产生的气动力为

$$\boldsymbol{F}_{pAM} = \boldsymbol{M}_{a1}\dot{\boldsymbol{V}}_p \tag{2-25}$$

式中，$\boldsymbol{V}_p = [u_p \quad v_p \quad w_p]^{\mathrm{T}}$。

翼伞后缘下偏产生的气动力由升力、阻力和侧向力组成，定义翼伞左右下偏控制量分别为 δ_l 和 δ_r，定义 $\delta_e = \delta_r + \delta_l$，$\delta_r = \delta_r - \delta_l$，则

$$\boldsymbol{F}_{pA\delta} = F_{dypc} S_p C_{B\delta} \delta_e \begin{bmatrix} \sin\alpha_p \\ 0 \\ -\cos\alpha_p \end{bmatrix} + F_{dypc} S_p C_{B\delta} \delta_r \begin{bmatrix} 0 \\ 1 \\ 0 \end{bmatrix} + F_{dypc} S_p C_{B\delta} \delta_l \begin{bmatrix} -\cos\alpha_p \cos\beta_p \\ -\sin\beta_p \\ -\sin\alpha_p \cos\beta_p \end{bmatrix} \tag{2-26}$$

式中，$F_{dypc} = 0.5\rho V_p^2$，ρ 为大气密度；S_p 为翼伞等效面积；δ_e、δ_r 和 δ_l 分别为翼伞升力、阻力和侧向力相关气动参数；α_p 和 β_p 分别为翼伞攻角与侧滑角。

（3）翼伞惯性力 $\boldsymbol{F}_{pI}$ 可以表示为

$$\boldsymbol{F}_{pI}=m_p\dot{\boldsymbol{V}}_p \tag{2-27}$$

将上述各式代入式（2-18），得到

$$\boldsymbol{E}_{Fp}\dot{\boldsymbol{x}}=-(\boldsymbol{F}_{pG}+\boldsymbol{F}_{pAR}+\boldsymbol{F}_{pA\delta}+\boldsymbol{F}_{pT}) \tag{2-28}$$

式中，$\boldsymbol{x}=[\boldsymbol{V}_p^{\mathrm{T}}\boldsymbol{\omega}_p^{\mathrm{T}}\boldsymbol{\omega}_{vp}^{\mathrm{T}}\theta_{vp}\psi_{vp}\phi_p\theta_p]^{\mathrm{T}}$；$\boldsymbol{E}_{Fp}=[(m_p\boldsymbol{I}_3+\boldsymbol{M}_a)\boldsymbol{0}_{3\times 9}]$。

2.4.4.2 翼伞力矩平衡方程

翼伞重力作用于质心处，其力矩为零，则翼伞质心所受力矩主要包括气动力矩 $\boldsymbol{M}_{pA}$、惯性力矩 $\boldsymbol{M}_{pI}$，以及伞绳拉力力矩 $\boldsymbol{M}_{pT}$，力矩平衡方程可表示为

$$\boldsymbol{M}_{pA}+\boldsymbol{M}_{pI}+\boldsymbol{M}_{pT}=\boldsymbol{0}_{3\times 1} \tag{2-29}$$

各分量计算如下。

（1）气动力矩 $\boldsymbol{M}_{pA}$ 由三部分组成，分别为基本气动力矩 $\boldsymbol{M}_{pAR}$（升阻力气动力矩）、附加质量气动力矩 $\boldsymbol{M}_{pAM}$ 和操作控制伞绳产生的气动力矩 $\boldsymbol{M}_{pA\delta}$，表达式为

$$\boldsymbol{M}_{pA}=\boldsymbol{M}_{pAR}+\boldsymbol{M}_{pAM}+\boldsymbol{M}_{pA\delta} \tag{2-30}$$

其中基本气动力矩表达式为

$$\boldsymbol{M}_{pAR}=\sum_{i=1}^{8}\boldsymbol{L}_{O_c-i}^{\times}\boldsymbol{B}_{i-O_c}(\boldsymbol{F}_{L_i}+\boldsymbol{F}_{D_i}) \tag{2-31}$$

式中，$\boldsymbol{L}_{O_c-i}^{\times}$ 为第 i 块翼伞对 O_c 的反对称距离矢量。

附加质量力矩表达式为

$$\boldsymbol{M}_{pAM}=\boldsymbol{M}_{a4}\dot{\boldsymbol{\omega}}_p \tag{2-32}$$

式中，$\boldsymbol{M}_{a4}$ 为翼伞转动附加质量；$\boldsymbol{\omega}_p$ 为翼伞角速度矩阵。

操作控制伞绳产生的气动力矩可表示为

$$\boldsymbol{M}_{pA\delta}=\frac{1}{2}\rho V_p^2S_p\{b\delta_e[0\quad C_{M\delta}\quad 0]^{\mathrm{T}}+c\delta_a[C_{R\delta}\quad 0\quad C_{N\delta}]^{\mathrm{T}}\} \tag{2-33}$$

式中，$C_{M\delta}$、$C_{R\delta}$ 和 $C_{N\delta}$ 表示翼伞相关气动力系数。

（2）根据假设条件，翼伞惯性积 I_{XYp}、I_{YZp}、I_{ZXp} 为零，定义

$$\boldsymbol{J}_{pI}=\begin{bmatrix} I_{Xp} & 0 & 0\\ 0 & I_{Yp} & 0\\ 0 & 0 & I_{Zp}\end{bmatrix},\boldsymbol{M}_{pI1}=\begin{bmatrix} 0 & I_{Zp}-I_{Yp} & 0\\ 0 & 0 & I_{Xp}-I_{Zp}\\ I_{Yp}-I_{Xp} & 0 & 0\end{bmatrix}\begin{bmatrix} p_pq_p\\ q_pr_p\\ p_pr_p\end{bmatrix} \tag{2-34}$$

式中，I_{Xp}、I_{Yp} 和 I_{Zp} 为翼伞转动惯量，则惯性力矩可表示为

$$\boldsymbol{M}_{pI}=\boldsymbol{J}_{pI}\dot{\boldsymbol{\omega}}_p+\boldsymbol{M}_{pI1} \tag{2-35}$$

式中。

（3）伞绳拉力力矩可表示为

$$\boldsymbol{M}_{pT}=\boldsymbol{l}_{pT1}\times\boldsymbol{F}_{pT1}+\boldsymbol{l}_{pT2}\times\boldsymbol{F}_{pT2} \tag{2-36}$$

式中，$\boldsymbol{F}_{pT1}$和$\boldsymbol{F}_{pT2}$为伞绳拉力，两组伞绳与悬挂平台的连接点在翼伞坐标下的位置分别为

$$\begin{cases}\boldsymbol{l}_{pT1}=[0 \quad b_p/2 \quad l_p]^{\mathrm{T}}\\ \boldsymbol{l}_{pT2}=[0 \quad -b_p/2 \quad l_p]^{\mathrm{T}}\end{cases} \tag{2-37}$$

将上述各式代入式（2-29），得到

$$\boldsymbol{E}_{Mp}\dot{\boldsymbol{x}}=-(\boldsymbol{M}_{pAR}+\boldsymbol{M}_{pA\delta}+\boldsymbol{M}_{pI1}+\boldsymbol{M}_{pT}) \tag{2-38}$$

式中，$\boldsymbol{E}_{Mp}=[\boldsymbol{0}_{3\times3} \quad \boldsymbol{M}_{a4}+\boldsymbol{J}_{pI} \quad \boldsymbol{0}_{3\times6}]$。

2.4.4.3　悬挂平台力平衡方程

系统在飞行过程中，悬挂平台受力主要包括重力 $\boldsymbol{F}_{vG}$、气动力 $\boldsymbol{F}_{vA}$、惯性力 $\boldsymbol{F}_{vI}$、伞绳拉力 $\boldsymbol{F}_{vT}$，以及发动机推力 $\boldsymbol{F}_{vth}$。力的平衡方程为

$$\boldsymbol{F}_{vA}+\boldsymbol{F}_{vG}+\boldsymbol{F}_{vI}+\boldsymbol{F}_{vT}+\boldsymbol{F}_{vth}=\boldsymbol{0}_{3\times1} \tag{2-39}$$

（1）取悬挂平台表面积为 S_v，根据悬挂平台结构特点忽略其升力作用，飞行速度 $V_v=\sqrt{u_v^2+v_v^2+w_v^2}$，攻角 $\alpha_v=\tan^{-1}(w_v/u_v)$，侧滑角 $\beta_v=\sin^{-1}(v_v/V_v)$，$C_{Dv}$为悬挂平台阻力系数，则悬挂平台所受气动力 $\boldsymbol{F}_{vA}$可以表示为

$$\boldsymbol{F}_{vA}=\frac{1}{2}\rho V_v^2 S_v C_{Dv}\boldsymbol{T}_{vp}\begin{pmatrix}\cos\alpha_v\cos\beta_v\\ \sin\beta_v\\ \sin\alpha_v\cos\beta_v\end{pmatrix} \tag{2-40}$$

（2）定义悬挂平台质量为 m_v，则重力 $\boldsymbol{F}_{vG}$可以表示为

$$\boldsymbol{F}_{vG}=m_v g\begin{pmatrix}-\sin\theta_p\\ \cos\theta_p\sin\phi_p\\ \cos\theta_p\cos\phi_p\end{pmatrix} \tag{2-41}$$

（3）悬挂平台惯性力 $\boldsymbol{F}_{vI}$可以表示为

$$\boldsymbol{F}_{vI}=m_v\boldsymbol{A}_{vp} \tag{2-42}$$

式中，$\boldsymbol{A}_{vp}$为悬挂平台在翼伞坐标系下的加速度。

（4）发动机推力作用于悬挂平台质心，方向沿 O_vX_v 正方向向前，可以表示为

$$\boldsymbol{F}_{vth}=\boldsymbol{T}_{vp}[F_{vthX} \quad 0 \quad 0]^{\mathrm{T}} \tag{2-43}$$

将上述各式代入式（2-39），得到

$$\boldsymbol{E}_{Fv}\dot{\boldsymbol{x}}=-(\boldsymbol{F}_{vA}+\boldsymbol{F}_{vG}+\boldsymbol{F}_{vT}+\boldsymbol{F}_{vth}+m_v\boldsymbol{L}_{p1}+m_v\boldsymbol{L}_{v3}) \tag{2-44}$$

式中，$\boldsymbol{E}_{Fv}=m_v[\boldsymbol{I}_3 \quad \boldsymbol{L}_{v1} \quad \boldsymbol{L}_{v2} \quad \boldsymbol{0}_{3\times4}]$，$\boldsymbol{L}_{p1}$、$\boldsymbol{L}_{v2}$、$\boldsymbol{L}_{v1}$、$\boldsymbol{L}_{v3}$可以表示为$\boldsymbol{\omega}_p$、$\boldsymbol{\omega}_{vp}$、$\theta_{vp}$和$\psi_{vp}$的矩阵变量。

2.4.4.4 悬挂平台力矩平衡方程

悬挂平台重力作用于质心处，其力矩为零，则悬挂平台质心所受力矩主要包括气动力矩$\boldsymbol{M}_{vA}$、惯性力矩$\boldsymbol{M}_{vI}$，以及伞绳拉力力矩$\boldsymbol{M}_{vT}$。平衡条件下满足

$$\boldsymbol{M}_{vA}+\boldsymbol{M}_{vI}+\boldsymbol{M}_{vT}=\boldsymbol{0}_{3\times1} \tag{2-45}$$

（1）设悬挂平台沿O_vX_v的投影长度为c_v，取$k_{pv}=c_v/(2u_p)$，则悬挂平台质心所受气动力矩$\boldsymbol{M}_{vA}$在翼伞坐标系下可表示为

$$\boldsymbol{M}_{vA}=\frac{1}{2}\rho V_v^2S_vc_v[0 \quad C_{mv}+k_{pv}C_{mqv}q_v \quad 0]^{\mathrm{T}} \tag{2-46}$$

式中，C_{mv}和C_{mqv}为负载的气动偏导系数。

（2）根据假设，悬挂平台为外形规则的几何体，具有两个对称面，则有$I_{XYv}=I_{YZv}=I_{ZXv}=0$，悬挂平台惯性力矩$\boldsymbol{M}_{vI}$可以表示为

$$\boldsymbol{M}_{vI}=\boldsymbol{J}_{vI}\dot{\boldsymbol{\omega}}_v \tag{2-47}$$

式中，$\boldsymbol{J}_{vI}$为悬挂平台转动惯量矩阵，其表达式为

$$\boldsymbol{J}_{vI}=\begin{bmatrix} I_{Xv} & 0 & 0 \\ 0 & I_{Yv} & 0 \\ 0 & 0 & I_{Zv} \end{bmatrix} \tag{2-48}$$

$\boldsymbol{\omega}_v$在翼伞坐标下可表示为

$$\boldsymbol{\omega}_v=[0 \quad q_{vp} \quad 0]^{\mathrm{T}}+\boldsymbol{T}_{vp}^{-1}(\boldsymbol{\omega}_p+[0 \quad 0 \quad r_{vp}]^{\mathrm{T}}) \tag{2-49}$$

对其求导得到

$$\dot{\boldsymbol{\omega}}_v=\boldsymbol{T}_{vp}^{\mathrm{T}}\dot{\boldsymbol{\omega}}_p+\boldsymbol{\Omega}_{v1}\dot{\boldsymbol{\omega}}_{vp}+\boldsymbol{\Omega}_{v2} \tag{2-50}$$

式中，$\boldsymbol{\Omega}_{v1}=\begin{bmatrix} 0 & -\sin\theta_{vp} \\ 1 & 0 \\ 0 & \cos\theta_{vp} \end{bmatrix}$，$\boldsymbol{\Omega}_{v2}=\dot{\boldsymbol{T}}_{vp}^{\mathrm{T}}\begin{bmatrix} p_v \\ q_v \\ r_p+r_{vp} \end{bmatrix}$。

（3）伞绳对悬挂平台的拉力力矩与对翼伞的力矩计算方法相似，定义两组伞绳拉力为$\boldsymbol{F}_{vT1}$和$\boldsymbol{F}_{vT2}$，且有

$$\begin{cases} \boldsymbol{F}_{vTa}=\boldsymbol{F}_{vT1}+\boldsymbol{F}_{vT2} \\ \boldsymbol{F}_{vTa}=\boldsymbol{F}_{vT1}+\boldsymbol{F}_{vT2} \end{cases} \tag{2-51}$$

两个连接点在悬挂平台坐标下的位置为

$$\begin{cases} \boldsymbol{l}_{vT1}=[0 \quad b_v/2 \quad -l_v]^{\mathrm{T}} \\ \boldsymbol{l}_{vT2}=[0 \quad -b_v/2 \quad -l_v]^{\mathrm{T}} \end{cases} \tag{2-52}$$

则拉力力矩为

$$\boldsymbol{M}_{vT}=\boldsymbol{l}_{vT1}\times\boldsymbol{F}_{vT1}+\boldsymbol{l}_{vT2}\times\boldsymbol{F}_{vT2} \tag{2-53}$$

将上述各式代入式（2-45），得到

$$\boldsymbol{E}_{Mv}\dot{\boldsymbol{x}}=-(\boldsymbol{M}_{vA}+\boldsymbol{M}_{vI1}+\boldsymbol{M}_{vT}+\boldsymbol{J}_{vI}\boldsymbol{\Omega}_{v2}) \tag{2-54}$$

式中，$\boldsymbol{E}_{Mv}=[\boldsymbol{0}_{3\times3} \quad \boldsymbol{J}_{vI}\boldsymbol{T}_{vp}^{\mathrm{T}} \quad \boldsymbol{J}_{vI}\boldsymbol{\Omega}_{v1} \quad \boldsymbol{0}_{3\times4}]$。

2.4.5　动力学方程

将上述翼伞与悬挂平台的力与力矩平衡方程进行联立，消除方程中两体间的伞绳拉力和拉力力矩，可得 UPV 的多体动力学方程。

由假设条件可知，翼伞与悬挂平台连接绳的拉力大小存在关系 $\boldsymbol{F}_{pT}=-\boldsymbol{F}_{vT}$，将其代入方程（2-28）、方程（2-38）中，得出作用力状态方程：

$$\boldsymbol{E}_F\dot{\boldsymbol{x}}=-\boldsymbol{F}_1 \tag{2-55}$$

式中，

$$\boldsymbol{F}_1=\boldsymbol{F}_{pAR}+\boldsymbol{F}_{pA\delta}+\boldsymbol{F}_{pG}+m_p\boldsymbol{L}_{pI}+\boldsymbol{F}_{vA}+\boldsymbol{F}_{vG}+\boldsymbol{F}_{vth}+m_v\boldsymbol{L}_{p1}+m_v\boldsymbol{L}_{v3} \tag{2-56}$$

$$\boldsymbol{E}_F=\boldsymbol{E}_{Fp}+\boldsymbol{E}_{Fv} \tag{2-57}$$

拉力力矩的大小与两体相对偏航角 ψ_{vp}、相对偏航角速度 r_{vp} 以及伞绳张力成正比，可表示为

$$\begin{pmatrix}0\\0\\1\end{pmatrix}\boldsymbol{M}_{pT}=-\begin{pmatrix}0\\0\\1\end{pmatrix}\boldsymbol{T}_{vp}\boldsymbol{M}_{vT}=k_T\,\boldsymbol{F}_{TZ}\psi_{vp}+c_Tr_{vp} \tag{2-58}$$

式中，k_T、c_T 为比例系数；$\boldsymbol{F}_{TZ}$表示伞绳拉力$\boldsymbol{F}_{pT}$沿 O_pZ_p 的分量。

定义矩阵 $\boldsymbol{K}=[\boldsymbol{K}_1^{\mathrm{T}} \quad \boldsymbol{K}_2^{\mathrm{T}}]^{\mathrm{T}}$。

式中，$\boldsymbol{K}_1=\begin{bmatrix} c\theta_{vp}c\psi_{vp} & 0 & s\theta_{vp}c\psi_{vp} & 1 & 0 & 0 \\ c\theta_{vp}s\psi_{vp} & 0 & s\theta_{vp}s\psi_{vp} & 0 & 1 & 0 \\ 0 & 1 & 0 & 0 & 0 & 0 \\ -s\theta_{vp} & 0 & c\theta_{vp} & 0 & 0 & 1 \end{bmatrix}$，$\boldsymbol{K}_2=[0 \quad 0 \quad 0 \quad 0 \quad 0 \quad 1]$

（2-59）

可以得出关系式

$$\boldsymbol{K}_1\left[\boldsymbol{L}_{vTd}^{\mathrm{T}} \quad \boldsymbol{L}_{pTd}^{\mathrm{T}}\right]^{\mathrm{T}}=\boldsymbol{0}_{4\times 3} \tag{2-60}$$

对式（2-44）和式（2-54）分别左乘 $\boldsymbol{K}$，得

$$\boldsymbol{K}\begin{bmatrix}\boldsymbol{E}_{Mv}\\ \boldsymbol{E}_{Mp}\end{bmatrix}\dot{\boldsymbol{x}}=\boldsymbol{K}\begin{bmatrix}-(\boldsymbol{M}_{vA}+\boldsymbol{M}_{vI1}+\boldsymbol{J}_{vI}\boldsymbol{\Omega}_{v2})\\ -(\boldsymbol{M}_{pAR}+\boldsymbol{M}_{pAB}+\boldsymbol{M}_{pAM0}+\boldsymbol{M}_{pI1})\end{bmatrix}+\begin{bmatrix}\boldsymbol{K}_1\\ \boldsymbol{K}_2\end{bmatrix}\begin{bmatrix}-\boldsymbol{M}_{vT}\\ -\boldsymbol{M}_{pT}\end{bmatrix} \tag{2-61}$$

将 $\boldsymbol{K}_1$、$\boldsymbol{K}_2$ 代入式（2-61），得出

$$\boldsymbol{E}_M\dot{\boldsymbol{x}}=-\boldsymbol{M}_1 \tag{2-62}$$

式中，

$$\boldsymbol{E}_M=\boldsymbol{K}\left[\boldsymbol{E}_{Mv}^{\mathrm{T}} \quad \boldsymbol{E}_{Mp}^{\mathrm{T}}\right]^{\mathrm{T}}-\boldsymbol{R}_M\boldsymbol{E}_{Fp} \tag{2-63}$$

$$\boldsymbol{M}_1=-\boldsymbol{K}\left[\boldsymbol{M}_{v0}^{\mathrm{T}} \quad \boldsymbol{M}_{p0}^{\mathrm{T}}\right]^{\mathrm{T}}-\boldsymbol{R}_M\boldsymbol{F}_{p0}+\left[\boldsymbol{0}_{1\times 4} \quad c_T r_{vp}\right]^{\mathrm{T}} \tag{2-64}$$

$$\boldsymbol{R}_M=\left[(\boldsymbol{R}_{vp}\boldsymbol{T}_{vp}^{\mathrm{T}})^{\mathrm{T}} \quad -k_T\left[0 \quad 0 \quad 1\right]^{\mathrm{T}}\psi_{vp}\right]^{\mathrm{T}} \tag{2-65}$$

$$\boldsymbol{F}_{p0}=\boldsymbol{F}_{pAR}+\boldsymbol{F}_{pA\delta}+\boldsymbol{F}_{pG} \tag{2-66}$$

将式（2-55）与式（2-62）联立，消除中间量后可得 UPV 多体 8DOF 动力学方程：

$$\boldsymbol{E}\dot{\boldsymbol{x}}=-\boldsymbol{F} \tag{2-67}$$

式中，$\boldsymbol{E}=\begin{bmatrix}\boldsymbol{E}_F^{\mathrm{T}}\\ \boldsymbol{E}_M^{\mathrm{T}}\\ \left[\boldsymbol{0}_{4\times 8} \quad \boldsymbol{I}_4\right]^{\mathrm{T}}\end{bmatrix}$，$\boldsymbol{F}=\begin{bmatrix}\boldsymbol{F}_1^{\mathrm{T}}\\ \boldsymbol{M}_1^{\mathrm{T}}\\ \boldsymbol{\omega}_{vp}^{\mathrm{T}}\\ p_p+\tan\theta_p(q_p\sin\phi_p+r_p\cos\phi_p)\\ q_p\cos\phi_p-r_p\sin\phi_p\end{bmatrix}$。

2.5 可变迎角控制机构

由 UPV 的结构特点可知，两体的连接绳长度和安装角度决定了翼伞迎角。在常规 UPV 结构中，由于连接绳的长度和安装角度均固定，翼伞在飞行过程中始终保持不可控的固定迎角（$\Gamma>0$），这一结构使改变发动机推力成为系统进行高度控制的唯一方式，且这种方式在控制过程中，特别是在进行降高时存在以下不足：一方面，固定的翼伞迎角导致系统只能通过减小推力进行滑翔降高，控制效率会受到滑翔率和风场环境的较大影响；另一方面，由于翼伞与悬挂平台采用柔性连接，推力变化容易使两体产生纵向通道的相对运动，且无法在飞行过程中利用控制方法或执行机构的操作进行有效抑制，难以保证系统的飞行稳定性。

由动力学分析过程可知，在考虑两体相对运动的前提下，式（2-67）所描述的 UPV 动力学方程包含 12 个状态量和 3 个控制量，难以直接被用来设计控制器。

针对上述问题，在对常规 UPV 结构进行分析的基础上，设计一种基于可变迎角控制机构的 UPV 新型结构，在提高系统纵向高度可控性的同时，还可进一步抑制两体之间的相对运动。

2.5.1　可变迎角控制机构实现

为提高翼伞系统的高度控制性能，Ward 构建了翼伞空投系统两体动力学模型，研究了系统对不同程度控制操作和风力干扰的响应特性，并针对翼伞系统纵向通道缺乏控制输入的缺点，在翼伞前缘增加了控制伞绳，通过前后缘控制伞绳的协同放缩，实现对翼伞迎角和滑翔率的控制，从而改善了系统的高度控制性能，提高了空投精度。

借鉴文献［102］的设计思想，在对控制结构进行改进的基础上，将其应用于 UPV 的高度控制中，设计一种基于可变迎角的高度控制机构，即在翼伞和悬挂平台的连接伞绳之间添加一个以悬挂平台连接点为轴的弧形转盘，转盘弧度与翼伞充满时的侧向剖面弧度相同，且转盘中心安装于伞绳与悬挂平台的两个连接点上。控制原理：在实际飞行中，通过控制转盘的顺时针（逆时针）旋转角度和后缘控制伞绳的放缩量，在保持翼伞整体形状不变的条件下调整翼伞迎角，从而实现对系统飞行高度的控制，整个控制过程类似于固定翼飞机的升降舵结构。可变迎角的设计结构和控制原理如图 2-7 和图 2-8 所示。

图 2-7　可变迎角的设计结构

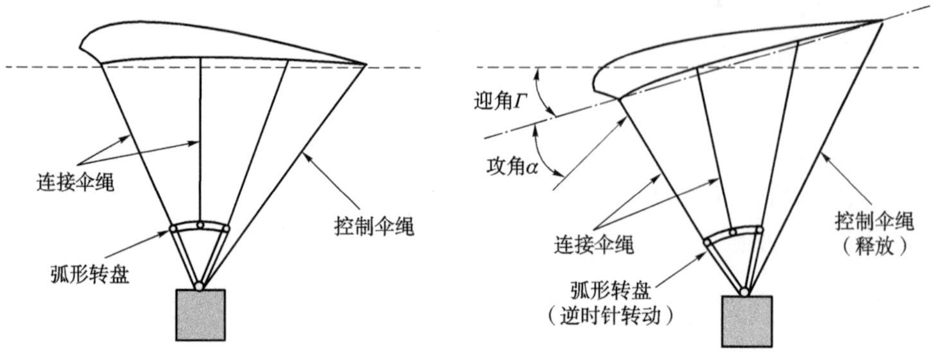

图 2-8 可变迎角的控制原理

基于可变迎角的控制方式直接作用于翼伞，能够在高度控制时有效抑制推力变化引起的系统纵向相对运动，且弧形转盘结构克服了文献［102］中单纯控制前后缘控制伞绳收缩量容易造成翼伞形变的缺点，保证了翼伞整体形状和气动性能的稳定，提高了控制效率。除此之外，弧形转盘设计有多个连接孔，可将伞绳进行分组连接，相当于将翼伞与悬挂平台的单侧单点连接转换为单侧多点连接。研究结果表明，多点连接方式有利于进一步提高系统的稳定性，抑制两体间的相对运动。

2.5.2 相对运动分析

结合 2.4 节 UPV 的动力学分析过程，以稳定飞行状态为初始状态，分别对常规 UPV 和可变迎角 UPV 两种结构在不同条件下的相对运动特性进行仿真试验分析，验证设计方法的有效性。

UPV 主要结构参数如表 2-1 所示，可变迎角机构中的转盘等效高度与所替换的伞绳长度相同，试验时两种结构初始迎角均为 3°（常规 UPV 迎角不变），气动参数参考不同展弦比翼伞风洞试验数据。

表 2-1 UPV 主要结构参数

参数	数值
展长 b	10.9 m
弦长 c	2.8 m
翼伞等效面积 S_p	30 m^2
展弦比 AR	3.9

续表

参数	数值
绳长 l	6.2 m
翼伞质量 m_p	6.3 kg
悬挂平台质量 m_v	90 kg
悬挂平台等效面积 S_v	0.75 m^2
迎角 Γ	3°

2.5.2.1　推力变化响应

计算表明，当推力 $F_{vth}=248.7$ N 时，UPV 可以保持稳定高度飞行，定义此时为中马力。由于发动机推力直接作用于悬挂平台坐标的 X 轴方向，系统的俯仰运动过程只能通过不同方向速度分量的变化来实现，因此推力变化对系统相对运动的影响主要体现在纵向通道相对俯仰角的变化上。

图 2-9 和图 2-10 分别为常规和改进 UPV 两种结构状态在推力变化时的响应情况。当推力采用双侧阶跃方式增加至 $F_{vth}=348.7$ N 时，由图 2-9 和图 2-10 中两体相对俯仰角和俯仰角速度的变化曲线可以看出，改变发动机推力会影响两体在垂直方向上的相对运动，且当推力发生变化时，系统状态伴随着明显的振荡和衰减过程，其中常规 UPV 结构相对俯仰角最大幅值为13.9°，衰减速度较慢，稳定后保持在8.5°左右，振荡幅度和稳定角度明显大于改进 UPV 结构。

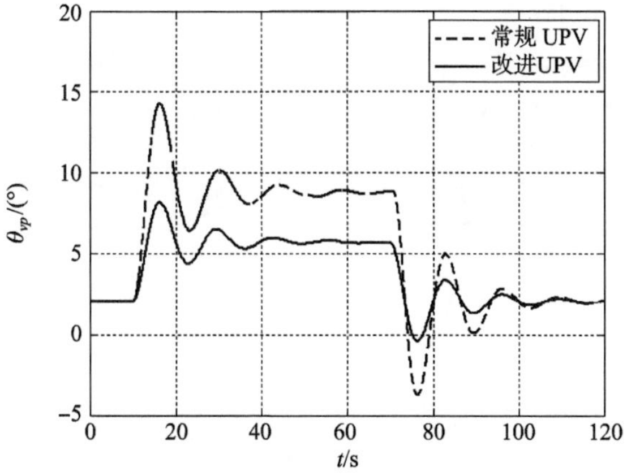

图 2-9　相对俯仰角变化曲线

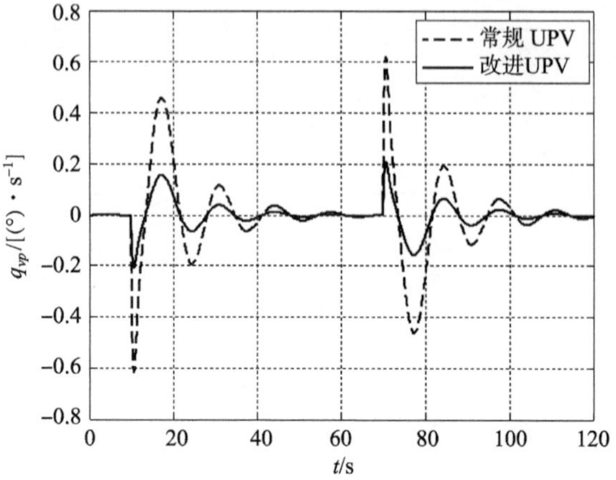

图 2-10 相对俯仰角速度变化曲线

2.5.2.2 单侧下偏响应

在 10 s 时分别对两种结构施加 $\delta_L=50\%$的翼伞单侧下偏控制量，持续至 70 s。图 2-11 和图 2-12 分别为控制操作时两体相对偏航角和相对俯仰角的响应情况。可以看出，单侧下偏使系统进入转弯状态，对系统横侧向的相对偏航运动影响较大。其中，常规 UPV 最大相对偏航角幅值为-16.7°，大约 20 s 后衰减至 2°范围内，最终稳定值为6.5°，其振幅与稳定值均明显高于改进结构。由相对俯仰角变化曲线可以看出，两种结构在控制操作下具有较高频率的俯仰角振荡，但衰减速度较快，稳定后相对俯仰角变化不大。

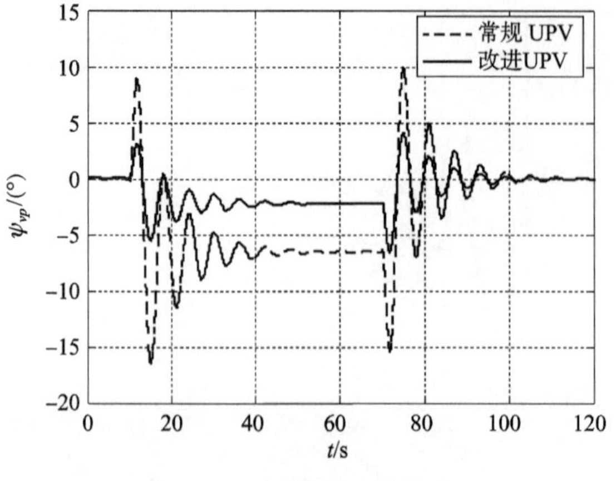

图 2-11 相对偏航角变化曲线

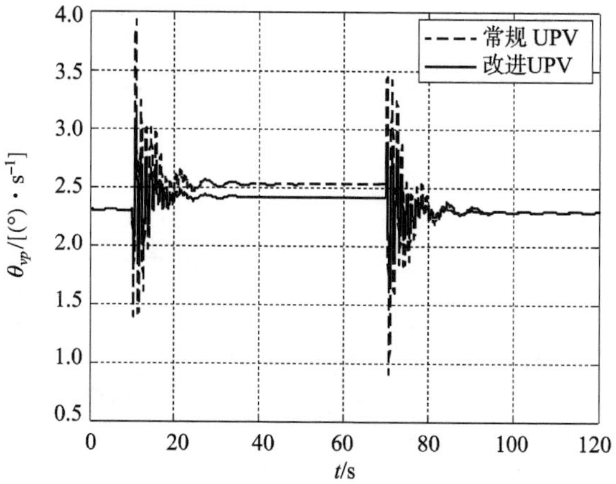

图 2-12　相对俯仰角变化曲线

2.5.2.3　突风干扰响应

考虑稳定平飞状态，推力 $F_{vth}=248.7$ N，左右无下偏（$\delta_L=\delta_R=0$）。在 10 s 和 50 s 时分别对系统施加风速为 3 m/s 和 5 m/s 的侧向突风干扰，两种结构的相对运动响应情况如图 2-13 和图 2-14 所示。由图 2-13 和图 2-14 可见，侧向突风干扰对系统的相对运动产生较大影响，会同时引起相对俯仰角和相对偏航角的大幅度振荡。当风速为 5 m/s 时，常规 UPV 相对偏航角的最大幅值达到 9°，摆角范围为17°，扭转摆动现象非常明显。相比之下，改进 UPV 相对运动姿态角明显减小，且衰减速度更快。

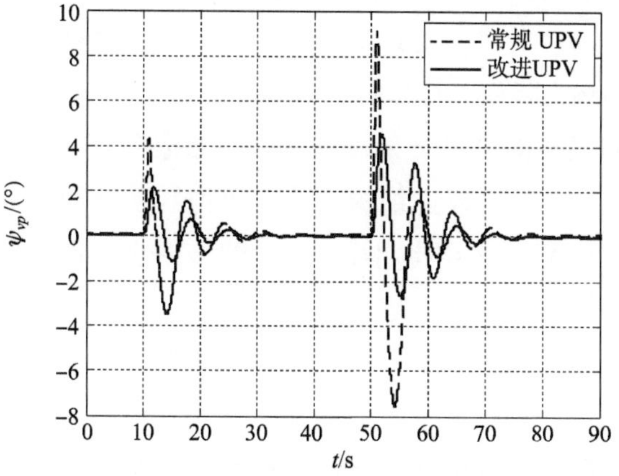

图 2-13　相对偏航角变化曲线

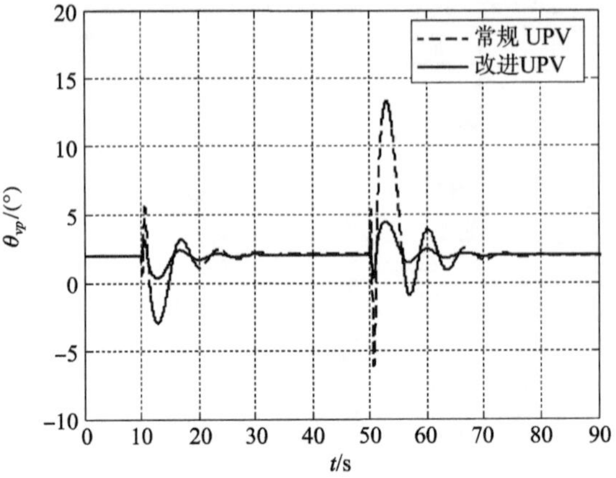

图 2-14 相对俯仰角变化曲线

2.6 非线性运动模型

根据 2.5 节的相对运动分析过程和仿真试验结果可以得出如下结论。

（1）UPV 采用翼伞和悬挂平台间的两点或多点连接结构有利于抑制两体间相对滚转运动，但在执行控制操作和遇外界干扰时，两体间仍然存在不同程度的相对俯仰和相对偏航。

（2）发动机推力会引起系统纵向通道相对俯仰运动的振荡和显著变化；单侧后缘下偏会对横侧向通道的相对偏航运动产生较大幅度的振荡，且衰减周期长；外界风力干扰，尤其是侧向风力干扰，会对翼伞的相对运动姿态角产生较大影响，降低飞行品质。

（3）由相对运动的分析结果可以看出，无论在控制操作或遇风力干扰时，增加可控迎角装置的改进结构均能有效抑制系统的相对运动。相对运动姿态角相比于常规 UPV 结构明显减小，能够更快地收敛到 3°以内的稳定范围，有利于控制操作的精确实施。

根据以上结论，本节在改进 UPV 结构的基础上，忽略模型中的两个相对运动自由度，同时考虑翼伞附加质量，建立系统非线性模型。改进结构的系统执行机构配置为螺旋桨发动机输出推力控制纵向速度，可变迎角执行机构实现对高度或俯仰运动的控制，单侧下偏实现对航向的控制。由于横向和垂向缺少直接控制输入，系统的独立控制输入数量少于自由度数量，属于欠驱动系统。

系统仍然采用式（2-16）、式（2-17）所示的运动学模型，在多体动力学模型的基础上消除两体间相对运动自由度和约束，根据动量和动量矩定理，可得系统动力学模型为

$$\begin{bmatrix} m\boldsymbol{I}-\boldsymbol{M}_{a1} & -\boldsymbol{M}_{a1}\boldsymbol{L}_{Bp}^{\times} \\ \boldsymbol{L}_{Bp}^{\times}\boldsymbol{M}_{a1} & \boldsymbol{J}_{I}-\boldsymbol{M}_{a4} \end{bmatrix} \begin{bmatrix} \dot{u} \\ \dot{v} \\ \dot{w} \\ \cdots \\ \dot{p} \\ \dot{q} \\ r \end{bmatrix} = \begin{bmatrix} \boldsymbol{F}_{B} \\ \cdots \\ \boldsymbol{M}_{B} \end{bmatrix} \tag{2-68}$$

$$\boldsymbol{F}_{B}=\boldsymbol{F}_{G}+\boldsymbol{F}_{pA}+\boldsymbol{F}_{vA}+\boldsymbol{F}_{I}+\boldsymbol{F}_{vth}-S_{\omega}^{B}\begin{bmatrix} u \\ v \\ w \end{bmatrix} \tag{2-69}$$

$$\boldsymbol{M}_{B}=\boldsymbol{M}_{pA}+\boldsymbol{M}_{vA}+\boldsymbol{M}_{I}-S_{\omega}^{B}\begin{bmatrix} p \\ q \\ r \end{bmatrix} \tag{2-70}$$

式中，力与力矩的计算和表达形式与 2.4 节的相同。显然，式（2-68）所描述的动力学模型相比于多体动力学模型式（2-67）更为简化，更适合控制器设计。但应注意的是，由于在模型的建立过程中，忽略了系统的小范围相对运动，且未考虑外界干扰对模型的影响，在依据此模型设计自动飞行控制器时，必须考虑未建模动态干扰存在的闭环鲁棒性问题，甚至是干扰补偿问题。

2.7 本章小结

本章根据 UPV 的结构特点，对其进行了动力学分析，建立了非线性运动模型。首先，介绍了 UPV 的系统组成与结构参数，考虑翼伞附加质量对 UPV 飞行性能的影响，根据 Barrows 附加质量矩阵和势流理论，给出了翼伞附加质量的概念和计算方法；其次，建立多体坐标系，分别对翼伞和悬挂

平台进行动力学分析，基于动量和动量矩定理推导了 UPV 运动学和动力学方程；然后，设计了一种可变迎角控制机构，在提高系统纵向高度可控性的同时，进一步抑制控制操作和外界干扰引起的两体之间的相对运动；最后，在分析系统相对运动特性的基础上，建立了基于可变迎角的系统非线性运动模型，为后续自动飞行控制器设计奠定了基础。

第 3 章　基于可调增益的 UPV 自适应模糊反步高度控制

本章对 UPV 高度自动控制问题进行研究，针对系统中存在的模型参数不确定性问题，将反步控制法、模糊逻辑系统和可调增益思想相结合，设计了一种基于可调增益的自适应模糊反步 UPV 高度控制方法，利用 Lyapunov 稳定性理论对闭环系统的鲁棒稳定性进行分析，通过仿真试验验证所提方法的有效性。

3.1　引言

近年来，对可控翼伞空投系统控制方法的研究成果为解决 UPV 飞行控制问题奠定了理论基础，具有一定的参考价值。但由于空投系统不具有动力装置，缺乏对纵向高度的可控性，相比航向和航迹跟踪控制，现有成果在高度控制方面的借鉴作用有限。因此，准确的高度控制能力成为 UPV 控制系统设计中不同于翼伞系统的独有设计要求。

如第 2 章所述，UPV 在翼伞空投系统的基础上，增加了以螺旋桨为主的动力装置，虽然这一结构增强了纵向高度的可控性，但由于缺少常规飞行器的升降舵结构，导致系统只能通过改变推力的方式对高度进行间接控制。因此，鉴于 UPV 结构的特殊性，现有的控制方式在进行高度控制过程中存在一定不足。

从运动学的角度看，一方面，由第 2 章中 UPV 的建模分析可知，改变发动机推力容易引起两体相对运动，对姿态稳定性影响较大，不利于系统的稳定飞行；另一方面，改变推力会影响飞行器的巡航速度，且垂向速度不易控制，导致高度跟踪精度不高，同时频繁的操作会降低发动机性能，影响飞行效率。

从控制学的角度看，一方面，系统垂直运动方向上无直接控制输入，控制输入维数小于自由度维数，运动能力有限，属于欠驱动系统。相比全驱动系统，欠驱动系统控制问题更为复杂，需要利用维数较少的输入控制系统在维数较多的空间中运动，控制器设计复杂，控制难度大；另一方面，在实际任务中，受飞行环境因素的影响，UPV 的翼伞空气动力学特性都比较复杂，风洞试验获得的翼伞气动力参数也与实际有一定的误差，这导致通过牛顿定律和空气动力学理论建立的系统运动学和动力学模型普遍存在模型参数的不确定性。因此，为提高 UPV 的控制性能，在设计控制器时必须考虑系统未建模动态和模型参数的不确定性，提出相应的鲁棒控制方法。

针对上述 UPV 高度控制中存在的问题，Chambers 针对 UPV 纵向平面反馈线性化模型，研究了基于尾缘偏转的 PID 高度控制方法；Aoustin 提出通过增大翼伞后缘偏转面积来扩大控制量范围，对翼伞进行快速降高控制，但控制器设计仍然采用系统线性模型，且翼伞的瞬时形变会导致系统稳定性变差；Gavrilovski 进一步提出采用翼伞尾沿偏转与上下翼面安装扰流装置的混合降高控制方法，并进行了相应的试验研究；Ward 建立了 UPV 纵向平面非线性动力学模型，并探索了基于翼伞可变迎角机构的高度控制方法，采用 PI 控制器实现了可变迎角控制，有效克服了改变推力方式控制高度的不足，但控制器的设计未考虑模型的不确定性。以上研究中，基于线性化模型的控制方法具有局限性，实际中模型运动表现为非线性特性时，无法保证系统的稳定性；而对非线性模型的研究缺乏系统的高精度控制方法，且未考虑模型的不确定性和干扰问题。

本章在第 2 章设计的可变迎角控制机构的基础上，采用可变迎角对 UPV 进行高度控制。以 UPV 纵向平面模型为对象，研究了含模型不确定性的 UPV 高度控制问题，设计了一种基于可调增益的自适应模糊反步控制法。首先，将可调增益思想与反步控制法相结合，设计了可调增益反步控制器，合理确定控制器参数，消除了控制量中的部分非线性项，避免了对虚拟控制量多次求导后的复杂形式，减少了可调参数个数，并对算法的鲁棒性进行了分析；然后，考虑模型不确定性，设计模糊逻辑系统对模型不确定性进行逼近，并通过在误差自适应控制中引入修正项，进一步提高系统的鲁棒性；最后，采用模糊控制器对增益参数进行调节，将所设计的控制方法应用于 UPV 低空降高控制中，仿真结果验证了该控制器的有效性。

3.2　UPV 纵向平面模型

针对 UPV 系统的高度控制问题，忽略滚转运动对纵向平面的影响，采用可变迎角机构进行高度控制，由 UPV 非线性运动模型式（2-68）解耦得到 UPV 纵向平面动力学方程为

$$\begin{cases} m_u \dot{u} = -m_w wq - M_u - M_{|u|}|u| + F_u \\ m_w \dot{w} = m_u uq - M_w - M_{|w|}|w| \\ m_q \dot{q} = (m_u - m_w) uw - M_q - M_{|q|}|q| - G\sin\theta + F_q \\ m_u = m + m_{a11}, m_w = m + m_{a33}, m_q = I_y + m_{a55} \end{cases} \tag{3-1}$$

式中，u、w、q 分别为系统前向速度、垂向速度和俯仰角速度；m 为 UPV 的质量；m_{a11}、m_{a33} 和 m_{a55} 分别为附加质量分量；$M(\cdot)$ 为气动力参数；I_y 为绕 y 轴的转动惯量；G 为重力；F_q 为控制迎角产生的纵向控制力矩。

运动学方程为

$$\begin{cases} \dot{x} = u\cos\theta + w\sin\theta \\ \dot{z} = -u\sin\theta + w\cos\theta \\ \dot{\theta} = q \end{cases} \tag{3-2}$$

假设 UPV 由发动机推力保持稳定航速 u_c 进行低空降高控制，即降高时垂直速度 w 相对于前向速度 u 较小，忽略其作用后 UPV 纵平面运动模型可简化为

$$\begin{cases} \dot{z} = -u\sin\theta \\ \dot{\theta} = q \\ \dot{q} = m_q^{-1}[(m_u - m_w) uw - M_q - M_{|q|}|q| - G\sin\theta + F_q] \end{cases} \tag{3-3}$$

式中，z、θ 分别为飞行高度与俯仰角。

3.3　控制器设计

控制目标：根据 UPV 纵向平面模型表达式（3-3），在存在模型参数不确定性的条件下，设计反馈控制输入 F_q，驱动 UPV 的高度输出 z 能够高精度地跟踪期望高度 z_c，并保证跟踪误差收敛于零，即 $\lim\limits_{t\to\infty}(z_c - z) = 0$。

利用反步控制法反向递推各子系统的控制量，根据可调增益思想简化控制器结构，并采用模糊逻辑系统对模型参数的不确定性进行逼近和补偿，最后利用单独的模糊系统实现控制器增益的在线调节。

3.3.1 可调增益反步控制器设计

Step 1 定义系统的高度误差 $z_e=z_c-z$，构造如下 Lyapunov 函数：

$$V_1=\frac{1}{2}z_c^2 \tag{3-4}$$

式中，z_c 为期望高度，对式（3-4）求导，并将式（3-3）代入得

$$\dot{V}_1=z_e\dot{z}_e=z_e(\dot{z}_c+u\sin\theta) \tag{3-5}$$

由于给定期望高度为阶跃信号，因此有 $\dot{z}_c=0$，$\ddot{z}_c=0$，设计俯仰角虚拟控制量 k_1 为

$$k_1=-l_1z_e,\ l_1>0 \tag{3-6}$$

对式（3-5）进行变换，并将式（3-6）代入式（3-5），整理得

$$\dot{V}_1=uz_e\sin\theta=uz_e\left[k_1\frac{\sin\theta}{\theta}+(\theta-k_1)\frac{\sin\theta}{\theta}\right]=-l_1u\frac{\sin\theta}{\theta}z_e^2+u\frac{\sin\theta}{\theta}z_e\theta_e \tag{3-7}$$

定义

$$\theta_e=\theta-k_1 \tag{3-8}$$

在式（3-7）中，$\lim\limits_{\theta\to 0}\sin\theta/\theta=1$，且 $\forall\theta\in(-\pi/2,\ \pi/2)$ 满足 $0<\sin\theta/\theta\leqslant 1$，故 $l_1u\sin\theta/\theta>0$ 成立，进而 $-l_1u\sin\theta z_e^2/\theta\leqslant 0$，但 $uz_e\theta_e\sin\theta/\theta$ 仍无法保证 $\dot{V}_1$ 的半负定性，因而需进行下一步推导。

Step 2 结合式（3-4），构造 Lyapunov 函数：

$$V_2=V_1+\frac{1}{2}c_1\theta_e^2 \tag{3-9}$$

式中，$c_1>0$。对式（3-9）两边求导，并将式（3-7）代入式（3-9）得

$$\begin{aligned}\dot{V}_2&=-l_1u\frac{\sin\theta}{\theta}z_e^2+u\frac{\sin\theta}{\theta}z_e\theta_e+c_1\theta_e\dot{\theta}_e\\&=-l_1u\frac{\sin\theta}{\theta}z_e^2+c_1\theta_e\left(\frac{1}{c_1}\frac{\sin\theta}{\theta}uz_e+\dot{\theta}_e\right)\end{aligned} \tag{3-10}$$

由式（3-8）可得

$$\dot{\theta}_e = \dot{\theta} - \dot{k}_1 = q + l_1 u\sin\theta \tag{3-11}$$

将式（3-11）代入式（3-10）得

$$\dot{V}_2 = -l_1 u\frac{\sin\theta}{\theta}z_e^2 + c_1\theta_e\left(\frac{1}{c_1}\frac{\sin\theta}{\theta}uz_e + q + l_1 u\sin\theta\right) \tag{3-12}$$

进一步，由 $\theta=\theta_e+k_1$，式（3-12）可变换为

$$\dot{V}_2 = -l_1 u\frac{\sin\theta}{\theta}z_e^2 + c_1\theta_e\left(\left(\frac{1}{c_1} - l_1^2\right)\frac{\sin\theta}{\theta}uz_e + q + l_1 u\frac{\sin\theta}{\theta}\theta_e\right) \tag{3-13}$$

式中，c_1 与 l_1 均为设计参数。不妨设增益参数 $c_1 = 1/l_1^2$，进而消去复杂非线性项，式（3-13）可变换为

$$\dot{V}_2 = -l_1 u\frac{\sin\theta}{\theta}z_e^2 + c_1\theta_e\left(q + l_1 u\frac{\sin\theta}{\theta}\theta_e\right) \tag{3-14}$$

此时设计俯仰角速度虚拟控制量 k_2 为

$$k_2 = -l_2\theta_e,\ l_2>0 \tag{3-15}$$

将式（3-15）代入式（3-14）得

$$\begin{aligned}\dot{V}_2 &= -l_1 u\frac{\sin\theta}{\theta}z_e^2 + c_1\theta_e\left(q - k_2 + k_2 + l_1 u\frac{\sin\theta}{\theta}\theta_e\right)\\ &= -l_1 u\frac{\sin\theta}{\theta}z_e^2 - c_1\theta_e\left(l_2\theta_e - l_1 u\frac{\sin\theta}{\theta}\theta_e\right) + c_1\theta_e q_e\\ &= -l_1 u\frac{\sin\theta}{\theta}z_e^2 - l_2 c_1\left(1 - \frac{l_1 u}{l_2}\frac{\sin\theta}{\theta}\right)\theta_e^2 + c_1\theta_e q_e\end{aligned} \tag{3-16}$$

式中，定义 $q_e=q-k_2$，并设计控制器参数 l_1 和 l_2 使 $l_2> l_1 u$，从而 $1-l_1 u\sin\theta/(l_2\theta)>0$ 成立，进而 $-l_2c_1(1-l_1 u\sin\theta/l_2\theta)\theta_e^2\leqslant 0$，但 $c_1\theta_e q_e$ 仍无法保证 $\dot{V}_2$ 的半负定性，因而需进行进一步推导。

Step 3　结合式（3-9），构造如下 Lyapunov 函数：

$$V_3 = V_2 + \frac{1}{2}c_2 q_e^2 \tag{3-17}$$

式中，$c_2>0$。对式（3-17）求导，并将式（3-16）代入得

$$\dot{V}_3 = -l_1 u\frac{\sin\theta}{\theta}z_e^2 - l_2 c_1\left(1 - \frac{l_1 u}{l_2}\frac{\sin\theta}{\theta}\right)\theta_e^2 + c_2 q_e\left(\frac{c_1}{c_2}\theta_e + \dot{q}_e\right) \tag{3-18}$$

由式（3-15）可得

$$\dot{q}_e = \dot{q} - \dot{k}_2 = \dot{q} + l_2(q + l_1 u\sin\theta) \tag{3-19}$$

将式（3-19）代入式（3-18）得

$$\dot{V}_3=-l_1u\frac{\sin\theta}{\theta}z_e^2-l_2c_1\left(1-\frac{l_1u}{l_2}\frac{\sin\theta}{\theta}\right)\theta_e^2+c_2q_e\left[\frac{c_1}{c_2}\theta_e+\dot{q}+l_2(q+l_1u\sin\theta)\right] \tag{3-20}$$

根据 UPV 运动模型式（3-1）和式（3-3），最终控制输入可表示为

$$F_q=m_q\left[-\frac{c_1}{c_2}\theta_e-l_3q_e-l_2(q+l_1u\sin\theta)\right]-f_q \tag{3-21}$$

式中，$l_3>0$，$f_q=(m_u-m_w)uw-M_q-M_q|q|-G\sin\theta$，将式（3-21）代入式（3-20）得

$$\dot{V}_3=-l_1u\frac{\sin\theta}{\theta}z_e^2-l_2c_1\left(1-\frac{l_1u}{l_2}\frac{\sin\theta}{\theta}\right)\theta_e^2-l_3c_2q_e^2\leqslant 0 \tag{3-22}$$

在满足 $\theta\in(-\pi/2,\pi/2)$，且增益参数满足 $l_1>0$，$c_2>c_1u$，$l_3>0$，$c_1=1/l_1^2$，$c_2>0$ 的条件下，当且仅当 $(z_e,\theta_e,q_e)=(0,0,0)$ 时，$\dot{V}_3=0$，否则 $\dot{V}_3<0$。由拉萨尔不变原理可知，控制输入（3-21）能够使高度跟踪误差 z_e 渐近稳定。

将式（3-21）中间变量替换为系统状态变量得

$$F_q=-m_q(\alpha_1z_e+\alpha_2\theta+\alpha_3q)-m_ql_1l_2\sin\theta-f_q \tag{3-23}$$

式中，

$$\begin{cases}\alpha_1=l_1l_2l_3+\dfrac{1}{l_1c_2}\\ \alpha_2=l_2l_3+\dfrac{1}{l_1^2c_2}\\ \alpha_3=l_2+l_3\end{cases} \tag{3-24}$$

由式（3-21）可以看出，控制输入中仅最后一项为非线性项，其余均为系统状态的线性组合，具有简单的增益调节形式。

为了进一步说明所提方法的有效性，采用传统反步控制法设计控制器，最终控制输入为

$$\begin{aligned}F_q=-m_q[&(\beta_1\beta_2\beta_3+\beta_3u)z_e\sec\theta+\sin\theta\cos\theta+(\beta_1u+\beta_2)q\tan^2\theta+\\&(\beta_1u+\beta_2+\beta_3)q+(u+\beta_1\beta_2)qz_e\sin\theta\sec^2\theta+\beta_1z_e\cos\theta+\\&(u^2+\beta_1\beta_2u+\beta_1\beta_3u+\beta_1\beta_3)\tan\theta]\end{aligned} \tag{3-25}$$

式中，$\beta_i>0$ 为控制器增益系数。

对比控制输入式（3-21）与式（3-25）可以看出，相比于传统反步控制法，所提方法具有更简单的结构形式，更有利于工程实现。

3.3.2　鲁棒性分析

在上述可调增益反步控制器的设计过程中忽略了垂向速度 w，以及包含未建模动态的相关不确定性。因此，本节对系统的鲁棒性进行分析，保证闭环系统在有界输入信号时的稳定性。

含不确定性的系统纵向运动模型可以表示为

$$\begin{cases}\dot{z}=-u\sin\theta+w\cos\theta\\ \dot{\theta}=q\\ \dot{q}=m_q^{-1}[(m_u-m_w)uw-M_q-M_{|q|}|q|-G\sin\theta+F_q+\Delta\tau]\end{cases}\tag{3-26}$$

假设垂向速度 w 和不确定性 $\Delta\tau$ 均有界，且满足

$$|w|<\bar{\chi}_w+\bar{\chi}_q|q|,\ |\Delta\tau|<\chi_\Delta+\chi_w|w|+\chi_q|q|\tag{3-27}$$

式中，χ_Δ 表示高阶有界非线性项；χ_w 和χ_q 分别表示与状态 w 和 q 相关的参数不确定项；$\bar{\chi}_w$表示 w 相对于 q 的滞后性；$\bar{\chi}_q$表示 w 和 q 的比例关系，且 $\chi_\Delta>0$，$\chi_w>0$，$\chi_q>0$，$\bar{\chi}_w>0$，$\bar{\chi}_q>0$。

依据建模不精确时的系统模型式（3-26）对式（3-17）进行求导：

$$\begin{aligned}\dot{V}_3=&-l_1u\frac{\sin\theta}{\theta}z_e^2-l_2c_1\left(1-\frac{l_1u}{l_2}\frac{\sin\theta}{\theta}\right)\theta_e^2+l_3c_2q_e^2-\\&\left(z_e+\frac{1}{l_1}\theta_e+l_1l_2c_2q_e\right)w\cos\theta+c_2q_e\Delta\tau\end{aligned}\tag{3-28}$$

定义：

$$\begin{cases}g_1=l_1u\dfrac{\sin\theta}{\theta}\\ g_2=l_2c_1\left(1-\dfrac{l_1u}{l_2}\dfrac{\sin\theta}{\theta}\right)\\ g_3=l_3c_2\end{cases}\tag{3-29}$$

对式（3-28）进行放缩：

$$\begin{aligned}\dot{V}_3\leqslant&-g_1z_e^2-g_2\theta_e^2+g_3q_e^2+|z_e||w||\cos\theta|+\frac{1}{l_1}|\theta_e||w||\cos\theta|+\\&l_1l_2c_2|q_e||w||\cos\theta|+c_2|q_e||\Delta\tau|\end{aligned}\tag{3-30}$$

由 $q_e=q-k_2$ 可得

$$|q|\leqslant|q_e|+l_2|\theta_e|\tag{3-31}$$

将式（3-30）变换为

$$\dot{V}_3 \leqslant -g_1 z_e^2 - g_2 \theta_e^2 + g_3 q_e^2 + p_1 |z_e| + p_2 |\theta_e| + p_3 |q_e| + m_1 |z_e||\theta_e| + m_2 |z_e||q_e| + m_3 |\theta_e||q_e| + d_1 |\theta_e|^2 + d_2 |q_e|^2 \tag{3-32}$$

式中，

$$\begin{cases} p_1 = \bar{\chi}_w |\cos\theta| \\ p_2 = \dfrac{1}{l_1} \bar{\chi}_w |\cos\theta| \\ p_3 = c_2 (\chi_\Delta + \chi_w \bar{\chi}_w + l_1 l_2 \bar{\chi}_w |\cos\theta|) \\ m_1 = l_2 \bar{\chi}_q |\cos\theta| \\ m_2 = \bar{\chi}_q |\cos\theta| \\ m_3 = l_2 c_2 (\chi_\Delta + \chi_w \bar{\chi}_w + l_1 l_2 \bar{\chi}_w |\cos\theta|) + \dfrac{1}{l_1} \bar{\chi}_q |\cos\theta| \\ d_1 = \dfrac{1}{l_1} \bar{\chi}_q |\cos\theta| \\ d_2 = c_2 (\chi_\Delta + \chi_w \bar{\chi}_w + l_1 l_2 \bar{\chi}_q |\cos\theta|) \end{cases} \tag{3-33}$$

根据均值不等式可将式（3-32）化为

$$\dot{V}_3 \leqslant -\bar{g}_1 z_e^2 - \bar{g}_2 \theta_e^2 + \bar{g}_3 q_e^2 + p_1 |z_e| + p_2 |\theta_e| + p_3 |q_e| \tag{3-34}$$

式中，

$$\begin{cases} \bar{g}_1 = g_1 - \dfrac{m_1}{2} - \dfrac{m_2}{2} \\ \bar{g}_2 = g_2 - d_1 - \dfrac{m_1}{2} - \dfrac{m_2}{2} \\ \bar{g}_3 = g_3 - d_2 - \dfrac{m_1}{2} - \dfrac{m_2}{2} \end{cases} \tag{3-35}$$

根据式（3-34）可得闭环系统的收敛域：

$$\left\{ (z_e, \theta_e, q_e) \;\middle|\; |z_e| \leqslant \frac{p_1}{|\bar{g}_1|}, |\theta_e| \leqslant \frac{p_2}{|\bar{g}_2|}, |q_e| \leqslant \frac{p_3}{|\bar{g}_3|} \right\} \tag{3-36}$$

通过以上分析过程，给出了假设模型存在有界不确定性时，闭环系统的收敛域，这表明当 UPV 模型参数摄动较小时，总能通过调整增益参数 l_1、l_2、l_3、c_1 和 c_2，保证闭环系统收敛至原点的较小邻域内，收敛域的大小与增益参数和模型的精确程度有关。

3.3.3 模糊逻辑系统设计

模糊逻辑系统可以通过设计一个自适应律 $\dot{\hat{\boldsymbol{\vartheta}}}$，使系统 $y(x)$ 逼近任意的非线性函数，我们可以利用模糊系统这个特性来逼近控制输入中模型的不确定性。

模糊逻辑系统主要包括 4 个部分：模糊规则库、模糊化、模糊推理机以及解模糊化。模糊规则库以“若…，则…”模糊语句为基础构成，即

规则 j：若 x_1 是 F_1^j，x_2 是 $F_2^j,\cdots,x_n$ 是 F_n^j

则 y 是 G^j，$j=1,2,\cdots,M$

式中，$\boldsymbol{x}=[x_1,x_2,\cdots,x_n]^{\mathrm{T}}$ 和 y 为模糊系统的输入与输出，模糊语言 F_i^j和 G^j 的隶属度函数分别为 $\mu_{F_i^j}(x_i)$ 和 $\mu_{G^j}(y)$，M 为模糊规则数。

采用基于单值模糊产生器、乘积推理规则和中心平均模糊消除器的多输入单输出自适应模糊逼近系统可表示为

$$y(x)=\frac{\sum_{j=1}^{M}\bar{y}_j\prod_{i=1}^{n}\mu_{F_i^j}(x_i)}{\sum_{j=1}^{M}\left[\prod_{i=1}^{n}\mu_{F_i^j}(x_i)\right]} \tag{3-37}$$

式中，$\bar{y}_j=\max\limits_{y\in\mathbf{R}}\mu_{G^j}(y)$。

定义模糊基函数为

$$\xi_j=\frac{\prod_{i=1}^{n}\mu_{F_i^j}(x_i)}{\sum_{j=1}^{M}\left[\prod_{i=1}^{n}\mu_{F_i^j}(x_i)\right]} \tag{3-38}$$

进一步定义自适应参数向量 $\boldsymbol{\vartheta}=[\bar{y}_1,\bar{y}_2,\cdots,\bar{y}_M]^{\mathrm{T}}=[\vartheta_1,\vartheta_2,\cdots,\vartheta_M]^{\mathrm{T}}$ 和 $\boldsymbol{\xi}(x)^{\mathrm{T}}=[\xi_1(x),\xi_2(x),\cdots,\xi_M(x)]$，则模糊逼近系统可表示为

$$y(x)=\boldsymbol{\vartheta}^{\mathrm{T}}\boldsymbol{\xi}(x) \tag{3-39}$$

定理 3.1 对于给定的连续实值函数 f：$\Omega\to\mathbf{R}$，$\Omega\subset\mathbf{R}^n$ 和任意 $\varepsilon^*>0$，通过制定合适的模糊规则，总存在理想权向量 $\boldsymbol{\vartheta}^*\in\mathbf{R}^N$ 使模糊系统 $\boldsymbol{\vartheta}^{*\mathrm{T}}\boldsymbol{\xi}(x)$ 足够逼近给定函数 f，且逼近误差绝对值不大于 ε^*，即

$$f(x)=\boldsymbol{\vartheta}^{*\mathrm{T}}\boldsymbol{\xi}(x)+\varepsilon,x\in\Omega \tag{3-40}$$

式中，ε 为逼近误差且满足 $|\varepsilon|\leqslant\varepsilon^*$。

最优权向量 $\boldsymbol{\vartheta}^*$ 为

$$\boldsymbol{\vartheta}^* = \underset{\theta \in \Omega_0}{\operatorname{argmin}}\left[\sup_{x \in \Omega} \left| f(x) - \boldsymbol{\vartheta}^{\mathrm{T}} \boldsymbol{\xi}(x) \right| \right] \tag{3-41}$$

根据式（3-26），动力学模型可进一步表示为

$$\dot{q} = m_q^{-1} F_q + m_q^{-1} \Delta\tau = m_q^{-1} F_q + \boldsymbol{\vartheta}^{*\mathrm{T}} \boldsymbol{\xi}(x) + \varepsilon \tag{3-42}$$

设计权向量学习律与逼近误差自适应律分别为

$$\dot{\hat{\boldsymbol{\vartheta}}} = \eta \left[c_2 q_e \boldsymbol{\xi}(x) - \gamma_1 (\hat{\boldsymbol{\vartheta}} - \boldsymbol{\vartheta}_0) \right] \tag{3-43}$$

$$\dot{\hat{\varepsilon}} = \rho \left[c_2 q_e \tanh\left(\frac{q_e}{\sigma} \right) - \gamma_2 (\hat{\varepsilon} - \varepsilon_0) \right] \tag{3-44}$$

式中，$\sigma>0$，$\gamma_1>0$，$\gamma_2>0$ 为设计参数；$\boldsymbol{\vartheta}_0$ 为权向量初始值；$\hat{\boldsymbol{\vartheta}}$ 为权向量估计值；ε_0 为逼近误差初始值；$\hat{\varepsilon}$ 为逼近误差估计值。通过在误差自适应律中引入修正项，进一步提高了系统的鲁棒性，改善了由参数漂移导致输出控制信号陷入饱和的问题。

采用模糊系统逼近模型不确定性，控制输入可进一步表示为

$$F_q = m_q \left[-\frac{c_1}{c_2} \theta_e - l_3 q_e - l_2 (q + l_1 u \sin\theta) \right] - f_q - \hat{\boldsymbol{\vartheta}}^{\mathrm{T}} \boldsymbol{\xi}(x) - \hat{\varepsilon} \tanh\left(\frac{q_e}{\sigma} \right) \tag{3-45}$$

替换式（3-45）中的中间变量，整理得

$$F_q = -m_q (\alpha_1 z_e + \alpha_2 \theta + \alpha_3 q) - \left[m_q l_1 l_2 \sin\theta + f_q + \hat{\boldsymbol{\vartheta}}^{\mathrm{T}} \xi(x) + \hat{\varepsilon} \tanh\left(\frac{q_e}{\sigma} \right) \right] \tag{3-46}$$

3.3.4 增益参数调节

由所设计的控制输入式（3-46）可以看出，控制输入中仅包含一项非线性项，其余均为系统状态的线性函数组合，具有类似 PID 的控制器结构。因此可借鉴 PID 参数调节方法，采用模糊策略对增益参数（l_1, l_2, l_3, c_1, c_2）进行在线调节，以优化控制器参数。

模糊控制器输入为误差 z_e 与误差变化率 $\dot{z}_e$，输出为各参数修正值，输入输出选择三角形和高斯形模糊集合，子集选用 7 级划分，即 {NB,NM,NS,ZO,PS,PM,PB}，清晰化计算采用加权平均法。隶属度函数如图 3-1 所示。

所设计的控制器结构框图如图 3-2 所示。

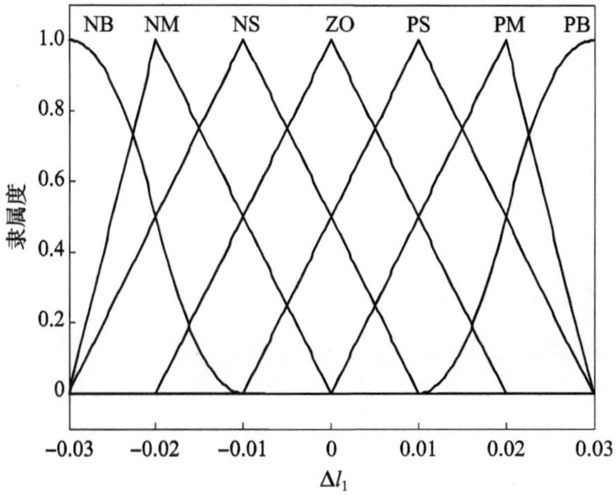

图 3-1　隶属度函数

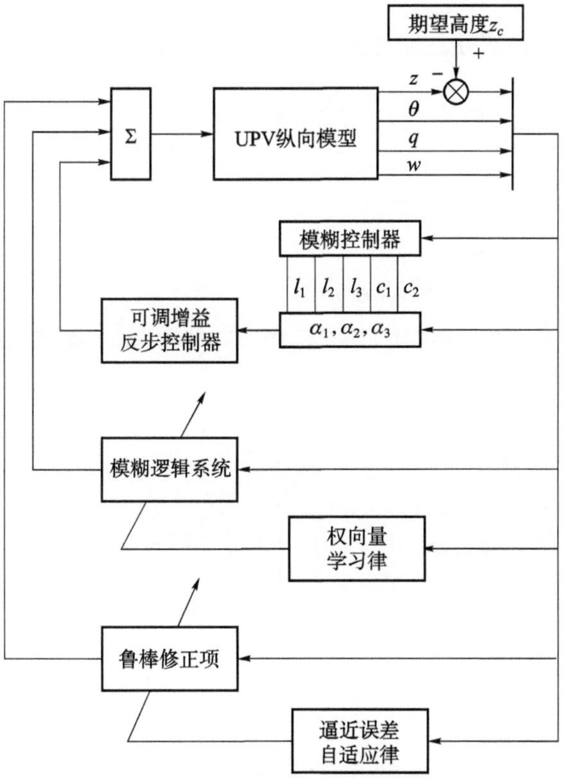

图 3-2　控制器结构框图

3.4 稳定性分析

由可调增益反步控制器的设计过程可知，所设计的控制输入能够使误差系统渐近稳定，本节将进一步对含有自适应律的闭环系统稳定性进行分析和证明。

定理 3.2 考虑系统模型式（3-26）和期望高度 z_c、设计控制器式（3-46）、逼近参数与逼近误差的自适应律式（3-43）和式（3-44），则闭环系统稳定，且误差系统变量一致最终有界，并收敛到原点附近较小的邻域内。

证明 定义逼近误差 $\tilde{\boldsymbol{\vartheta}}=\hat{\boldsymbol{\vartheta}}-\boldsymbol{\vartheta}^*$，$\tilde{\varepsilon}=\hat{\varepsilon}-\varepsilon^*$，并结合式（3-17），构造 Lyapunov 函数为

$$V_4=V_3+\frac{1}{2}(\tilde{\boldsymbol{\vartheta}}^{\mathrm{T}}\eta^{-1}\tilde{\boldsymbol{\vartheta}}+\rho^{-1}\tilde{\varepsilon}^2) \tag{3-47}$$

对式（3-47）求导，并将式（3-20）代入，得

$$\begin{aligned}\dot{V}_4=&-l_1u\frac{\sin\theta}{\theta}z_e^2-l_2c_1\left(1-\frac{l_1u}{l_2}\frac{\sin\theta}{\theta}\right)\theta_e^2+\\&c_2q_e\left[\frac{c_1}{c_2}\theta_e+\dot{q}+l_2(q+l_1u\sin\theta)\right]+\\&\tilde{\boldsymbol{\vartheta}}^{\mathrm{T}}\eta^{-1}\dot{\tilde{\boldsymbol{\vartheta}}}+\rho^{-1}\dot{\tilde{\varepsilon}}\end{aligned} \tag{3-48}$$

将控制器式（3-46）、自适应律式（3-43）和式（3-44）代入式（3-48），整理得

$$\begin{aligned}\dot{V}_4=&-l_1u\frac{\sin\theta}{\theta}z_e^2-l_2c_1\left(1-\frac{l_1u}{l_2}\frac{\sin\theta}{\theta}\right)\theta_e^2+\\&c_2q_e\left[-\tilde{\boldsymbol{\vartheta}}^{\mathrm{T}}\boldsymbol{\xi}(x)-\hat{\varepsilon}\tanh\left(\frac{q_e}{\sigma}\right)+\varepsilon\right]+\\&\tilde{\boldsymbol{\vartheta}}^{\mathrm{T}}\eta^{-1}\dot{\tilde{\boldsymbol{\vartheta}}}+\rho^{-1}\dot{\tilde{\varepsilon}}\\=&-l_1u\frac{\sin\theta}{\theta}z_e^2-l_2c_1\left(1-\frac{l_1u}{l_2}\frac{\sin\theta}{\theta}\right)\theta_e^2-l_3c_2q_e^2-\\&\gamma_1\tilde{\boldsymbol{\vartheta}}^{\mathrm{T}}(\hat{\boldsymbol{\vartheta}}-\boldsymbol{\vartheta}_0)-\gamma_2\tilde{\varepsilon}(\hat{\varepsilon}-\varepsilon_0)+\\&c_2q_e\varepsilon-c_2q_e\varepsilon^*\tanh\left(\frac{q_e}{\sigma}\right)\end{aligned} \tag{3-49}$$

由于逼近误差$|\varepsilon|\leqslant\varepsilon^*$，对上式进行放缩得

$$\begin{aligned}\dot{V}_4\leqslant&-l_1u\frac{\sin\theta}{\theta}z_e^2-l_2c_1\left(1-\frac{l_1u}{l_2}\frac{\sin\theta}{\theta}\right)\theta_e^2-\\&l_3c_2q_e^2-\gamma_1\tilde{\boldsymbol{\vartheta}}^{\mathrm{T}}(\hat{\boldsymbol{\vartheta}}-\boldsymbol{\vartheta}_0)-\gamma_2\tilde{\varepsilon}(\hat{\varepsilon}-\varepsilon_0)+\\&c_2\varepsilon^*\left[|q_e|-q_e\tanh\left(\frac{q_e}{\sigma}\right)\right]\end{aligned}\tag{3-50}$$

考虑如下不等式条件成立：

$$\tilde{\boldsymbol{\vartheta}}^{\mathrm{T}}(\hat{\boldsymbol{\vartheta}}-\boldsymbol{\vartheta}_0)=\frac{1}{2}\|\tilde{\boldsymbol{\vartheta}}\|^2+\frac{1}{2}\|\hat{\boldsymbol{\vartheta}}-\boldsymbol{\vartheta}_0\|^2-\frac{1}{2}\|\boldsymbol{\vartheta}^*-\boldsymbol{\vartheta}_0\|^2\tag{3-51}$$

$$\tilde{\varepsilon}(\hat{\varepsilon}-\varepsilon_0)=\frac{1}{2}|\tilde{\varepsilon}|^2+\frac{1}{2}|\hat{\varepsilon}-\varepsilon_0|^2-\frac{1}{2}|\varepsilon^*-\varepsilon_0|^2\tag{3-52}$$

$$0\leqslant|q_e|-q_e\tanh\left(\frac{q_e}{\sigma}\right)\leqslant\kappa\sigma\tag{3-53}$$

式中，κ为常数，满足$\kappa=\mathrm{e}^{\kappa+1}$。再次对式（3-50）进行放缩得到

$$\begin{aligned}\dot{V}_4\leqslant&-d_1z_e^2-d_2\theta_e^2-l_3c_2q_e^2-\frac{1}{2}\gamma_1\|\tilde{\boldsymbol{\vartheta}}\|^2-\frac{1}{2}\gamma_2|\tilde{\varepsilon}|^2+\\&\frac{1}{2}\gamma_1\|\boldsymbol{\vartheta}^*-\boldsymbol{\vartheta}_0\|^2+\frac{1}{2}\gamma_2|\varepsilon^*-\varepsilon_0|^2+c_2\varepsilon^*\kappa\sigma\end{aligned}\tag{3-54}$$

式中，$d_1=l_1u\dfrac{\sin\theta}{\theta}$，$d_2=l_2c_1\left(1-\dfrac{l_1u}{l_2}\dfrac{\sin\theta}{\theta}\right)$，$d_3=l_3c_2$。

对上式进行简化，有

$$\dot{V}_4\leqslant-cV_4+\mu\tag{3-55}$$

式中，

$$c=\min\left\{2d_1,2d_2,2d_3,\rho\gamma_2,\frac{\gamma_1}{\lambda_{\min}(\eta^{-1})}\right\}\tag{3-56}$$

$$\mu=\frac{1}{2}\gamma_1\|\boldsymbol{\vartheta}^*-\boldsymbol{\vartheta}_0\|^2+\frac{1}{2}\gamma_2|\varepsilon^*-\varepsilon_0|^2+c_2\varepsilon^*\kappa\sigma\tag{3-57}$$

对式（3-55）两边求积分，进一步选择$d=\mu/c>0$，则式（3-55）满足

$$0\leqslant V_4\leqslant d+(V_4(0)-d)\mathrm{e}^{-ct}\tag{3-58}$$

由式（3-55）~式（3-58）可知，系统变量z_e、θ_e、q_e、$\tilde{\boldsymbol{\vartheta}}$，$\tilde{\varepsilon}$一致最终有界，且通过合理选择增益参数$l_1$、$l_2$、$l_3$、$c_1$、$c_2$、$\gamma_1$、$\gamma_2$能够保证闭环误差系统收敛于原点的较小邻域$d$内。

3.5 仿真试验分析

以基于可变迎角的UPV纵向模型为研究对象，采用本章所提方法设计控制器进行降高控制仿真试验，验证所提方法的有效性。

3.5.1 可调增益反步控制法

考虑模型参数摄动在5%以内，根据式（3-21）设计可调增益反步高度控制器，采用不同增益参数对UPV进行降高控制，具体参数设定如表3-1所示。

表3-1 试验参数设定

系统初始状态	$u_c=14$ m/s	$z=50$ m	$\theta=0$ °	$q=0$ (°)/s
	$w=0$ m/s			
期望高度	$z_c=\begin{cases}30\text{ m}, & 0\text{ s}<t\leqslant 40\text{ s}\\ 20\text{ m}, & 40\text{ s}<t\leqslant 80\text{ s}\end{cases}$			
增益参数一	$l_1=0.01$	$l_2=0.3$	$l_3=10$	$c_2=20$
增益参数二	$l_1=0.05$	$l_2=0.3$	$l_3=5$	$c_2=50$
增益参数三	$l_1=0.03$	$l_2=0.6$	$l_3=10$	$c_2=50$

不同增益参数的试验结果如图3-3～图3-6所示。图3-3和图3-4为三种增益参数条件下的高度跟踪曲线和跟踪误差曲线。由图3-3和图3-4可以看出，选取参数一时，算法响应速度快，但跟踪响应有一定的超调；选取参数二时，可以避免跟踪响应的超调，但此时响应速度慢，收敛时间长；选取参数三时，控制效果最好，算法能够在保证响应速度和稳定时间的同时，避免超调。图3-5和图3-6为系统状态响应曲线和控制输入曲线，观察可知，选取参数一时，控制输入幅值较高，容易导致系统状态变化幅度大，影响系统稳定性；选取参数二时，控制输入较为平缓，避免输出高增益信号，系统稳定性更强。选取参数三时，算法能够兼顾系统稳定性和快速性，控制效果较好。由分析可知，三组增益参数均可以达到高度跟踪的控制要求，且增益参数三控制效果最好。试验结果验证了所提算法的有效性。

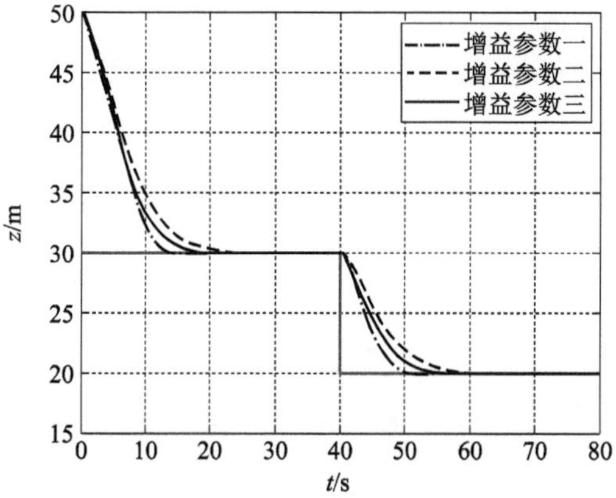

图 3-3　高度跟踪曲线

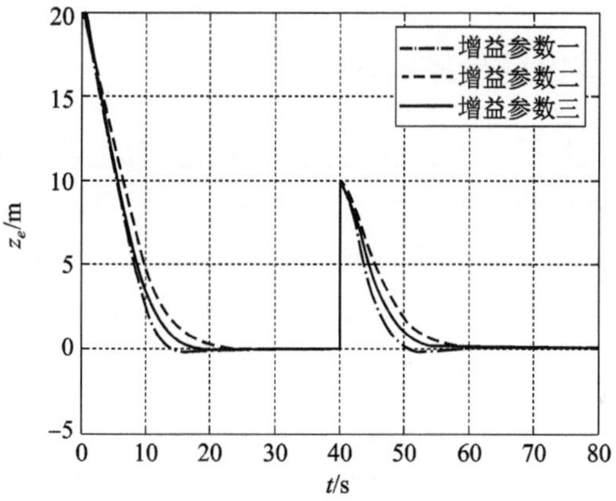

图 3-4　跟踪误差曲线

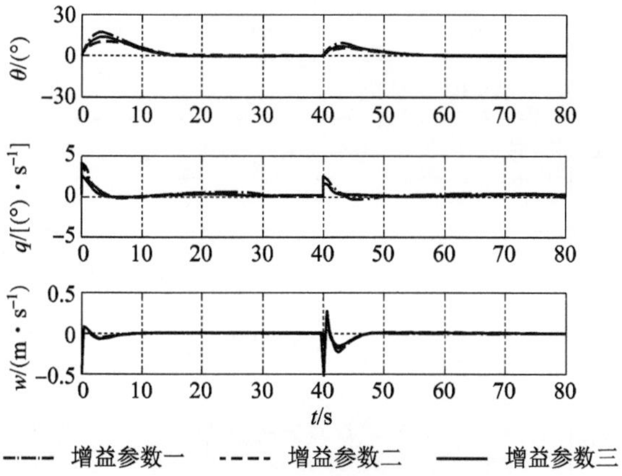

图 3-5　状态响应曲线

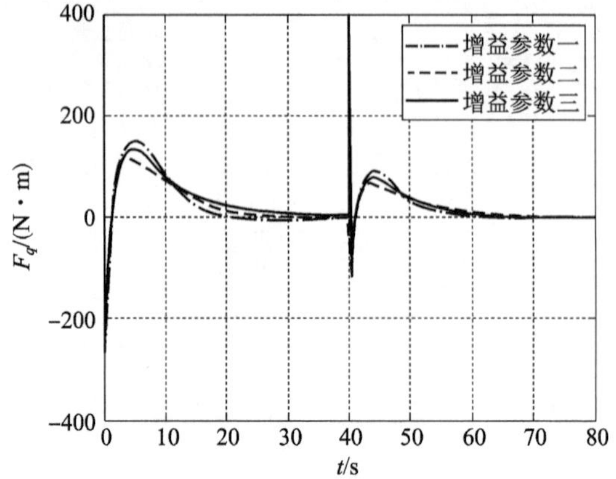

图 3-6 控制输入曲线

3.5.2 自适应模糊反步控制法

考虑模型参数的不确定性，构建可调增益自适应模糊反步高度控制器，并与自适应 PID 和传统反步控制法进行对比，验证作者所设计控制器的有效性。根据上一节的试验结果，选择增益参数三作为增益参数初始值，并对鲁棒修正项、模糊逻辑系统、模型不确定性等参数进行了设置，具体参数如表 3-2 所示。

表 3-2 试验参数设定

系统初始状态	$u_c=14$ m/s	$z=50$ m	$\theta=0°$	$q=0$ (°)/s
	$w=0$ m/s	—	—	—
初始增益参数	$l_1=0.03$	$l_2=0.6$	$l_3=10$	$c_2=50$
鲁棒修正项	$\rho=10$	$\sigma=0.2$	$\gamma_2=1.5$	$\varepsilon_0=0$
模糊逻辑系统参数	$\boldsymbol{\vartheta}_0=0.15$	$\eta=\{20,\cdots,20\}$	$\gamma_1=5$	—
隶属度函数	$\mu_A^1(x_i)=\exp\left(-\frac{(x_i+4)^2}{2}\right)$ $\mu_A^2(x_i)=\exp\left(-\frac{(x_i+3)^2}{2}\right)$ $\mu_A^3(x_i)=\exp\left(-\frac{(x_i+2)^2}{2}\right)$ $\mu_A^4(x_i)=\exp\left(-\frac{(x_i+1)^2}{2}\right)$ $\mu_A^5(x_i)=\exp\left(-\frac{(x_i+0)^2}{2}\right)$ $\mu_A^6(x_i)=\exp\left(-\frac{(x_i-1)^2}{2}\right)$			

续表

隶属度函数	$\mu_A^7(x_i)=\exp\left(-\frac{(x_i-2)^2}{2}\right)$　$\mu_A^8(x_i)=\exp\left(-\frac{(x_i-3)^2}{2}\right)$ $\mu_A^9(x_i)=\exp\left(-\frac{(x_i-4)^2}{2}\right)$
期望高度变化	$z_c=\begin{cases}40\ \text{m}, & 0\ \text{s}<t\leqslant 150\ \text{s}\\ 20\ \text{m}, & 150\ \text{s}<t\leqslant 300\ \text{s}\\ 10\ \text{m}, & 300\ \text{s}<t\leqslant 450\ \text{s}\end{cases}$
干扰项	$\Delta\tau=5\sin(0.03\pi t)+3\lvert w\rvert+5\lvert q\rvert$

试验结果如图 3-7～图 3-11 所示。其中，图 3-7 和图 3-8 为可调增益自适应模糊反步控制器、自适应 PID 及传统反步控制法在含有模型不确定性条件下的高度跟踪曲线和跟踪误差曲线。由图 3-7 和图 3-8 可见，PID 控制器无法实现对不确定性的抑制，抗干扰能力弱，且控制输入容易陷入饱和，无法保证跟踪控制精度。本节所提控制器具有自适应机制，在控制过程中可以对模型参数不确定性进行逼近和补偿，具有较好的鲁棒性，能够保证跟踪误差收敛到零，且相比传统反步控制法，对参数变化的适应性更强，响应速度更快。在图 3-9 和图 3-10 中对三种方法的控制输入和系统状态响应进行对比，且由图 3-10 的状态变化可以看出，本节所提控制器在存在不确定干扰时，系统状态振荡幅度小，稳定性更高。图 3-11 所示为增益参数调节曲线。

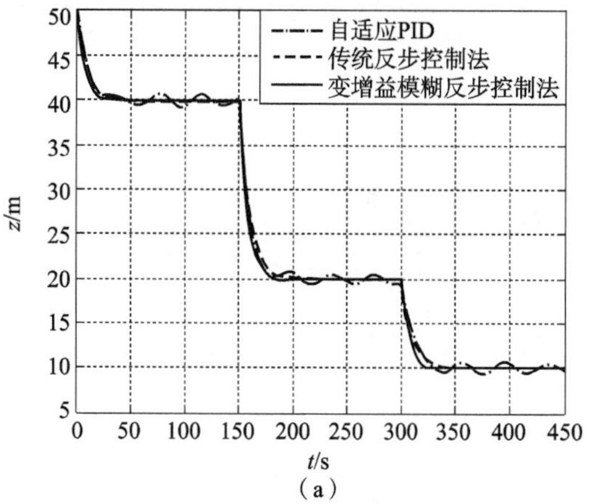

(a)

图 3-7　高度跟踪曲线

(a) 0~450 s 跟踪曲线

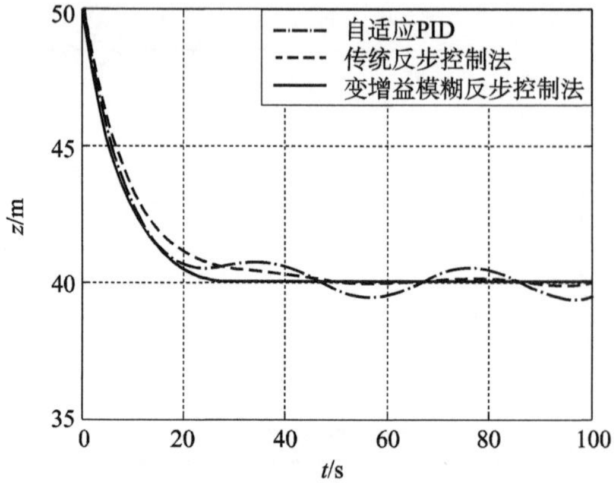

（b）

图 3-7 高度跟踪曲线（续）

（b）0~100 s 跟踪曲线

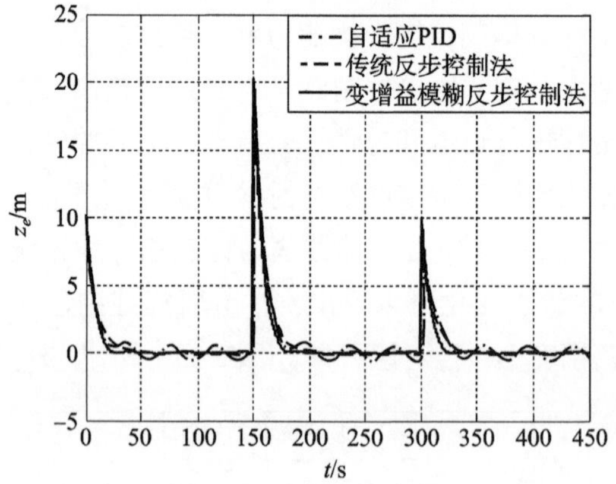

图 3-8 跟踪误差曲线

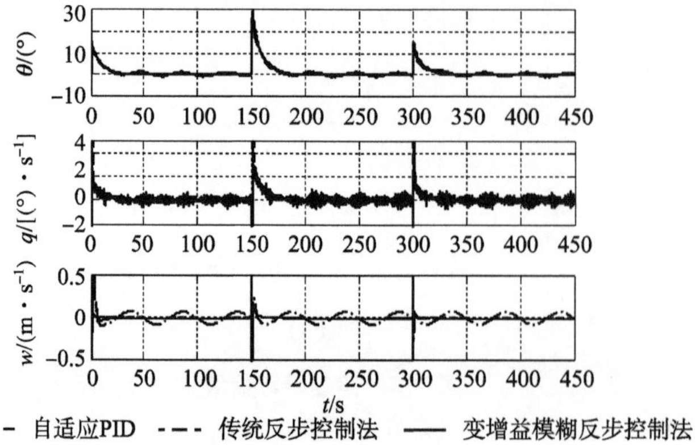

图 3-9 状态响应曲线

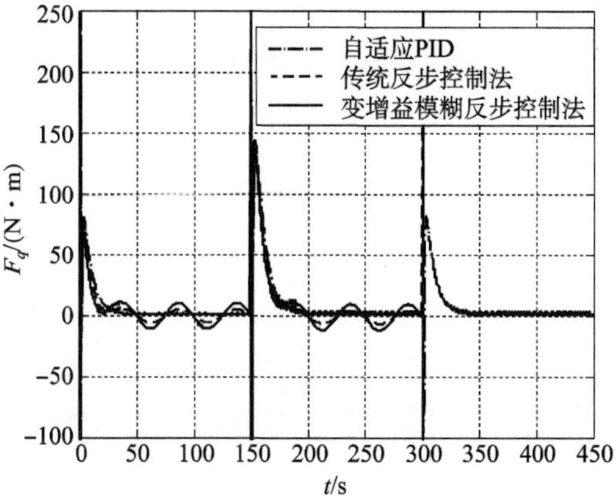

图 3-10　高度控制输入曲线

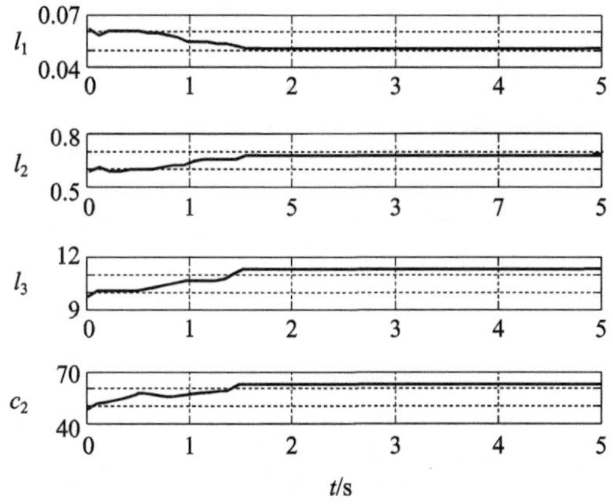

图 3-11　增益参数调节曲线

3.6　本章小结

本章对含模型参数不确定的 UPV 高度控制问题进行了研究，完成了以下研究内容。

（1）设计了一种可调增益反步控制方法。根据 UPV 纵向平面模型，反向逐层设计可调增益反步控制器；通过合理设计增益参数，消除了控制器中的部分复杂非线性项，避免了传统反步控制法中虚拟量的复杂导数问题，简化了控制器形式；采用 Lyapunov 理论对建模不精确时系统的鲁棒性进行了分析。

（2）针对含模型参数不确定的控制问题，提出一种基于可调增益的自适应模糊反步控制方法。将模糊逻辑系统与反步控制法相结合，在可调增益反步控制器的基础上，利用模糊逻辑系统逼近系统的模型不确定性，通过对误差自适应律引入修正项提高了系统的鲁棒性；稳定性分析表明，算法在克服系统不确定性的同时，能够保证闭环系统误差收敛至原点的较小邻域内。

第4章　基于模拟对象的 UPV 鲁棒反步直线跟踪控制

针对飞行器运动控制的研究主要包括轨迹跟踪和航迹跟踪，其中轨迹跟踪在实际中表现为对预设航迹的跟踪控制问题，也是当前运动控制的研究热点。不同于轨迹跟踪要求飞行器跟踪以时间为参考的期望轨迹，航迹跟踪对期望位置无时间跟踪要求，只要求系统按设计速度跟踪期望航迹。鉴于 UPV 飞行速度慢且横侧向欠驱动布局的特点，航迹跟踪更适合 UPV 系统。因此，对 UPV 的运动控制，尤其是航迹跟踪控制的研究在理论上和实际应用中都具有重要意义。

UPV 的飞行航迹主要由直线航迹和曲线航迹构成，其中以遍历预设航迹点为目标的直线航迹跟踪，要求 UPV 达到指定航迹点的圆形空域后完成航迹段切换，具有更平滑的跟踪轨迹和更高的飞行控制效率。本章重点对含外界干扰条件的 UPV 直线航迹跟踪控制问题进行研究，为后续曲线跟踪与航迹规划奠定基础。

4.1　引言

UPV 航迹跟踪的常规方法，是载体坐标系下基于航迹点的视线跟踪法。视线跟踪法规划的航迹由离散航迹点连接而成，跟踪过程受系统运动性能的约束，容易导致期望航迹不光滑，造成跟踪误差的不连续。在进行航迹切换时，难以保证控制精度，控制输出容易陷入饱和，造成不必要的冗余航迹。常规方法适合于 UPV 在无障碍宽阔空域内的飞行控制，但在狭小或有避障要求的任务空域内，无法满足系统的安全性要求，控制精度不高。

模拟对象方法是近年来发展较快的一种新型航迹跟踪方法。不同于常规视线法，基于模拟对象方法的期望航迹由与实际系统运动性能相同的模拟对象连续运动生成，所得跟踪曲线光滑，误差连续，不存在切换点处不易跟踪的问题。值得注意的是，当模拟对象方法选择曲率和挠率为零时即可实现对平面直线航迹的跟踪，相比常规方法可以有效减小冗余航迹，提高航迹跟踪性能。

本章以 UPV 横侧向水平面模型为对象，研究了含外界干扰条件下的 UPV 平面直线航迹跟踪控制问题，将模拟对象方法扩展至 UPV 航迹跟踪控制中，设计了一种基于模拟对象的可调增益鲁棒反步跟踪控制方法。首先，基于 Serret-Frenet 坐标下的模拟对象跟踪方法，构建了跟踪误差模型；其次，采用可调增益反步控制法设计航迹跟踪控制器，该方法避免了虚拟量求导时的“计算膨胀”和奇异值问题；最后，采用 Lyapunov 理论设计鲁棒补偿项，对跟踪误差进行补偿，保证了闭环系统的稳定性。

4.2 相关理论知识

基于模拟对象的跟踪方法是在 Serret-Frenet 框架下进行描述的，因此，在建立系统跟踪误差模型之前，首先介绍微分几何与移动坐标下 Serret-Frenet 方程的相关理论知识。

4.2.1 微分几何理论

定义 4.1 从实直线 R 的开区间 $I(a,b)$ 到 R^3 的可微映射 α：$I \to R^3$，称为可微参数曲线。

由上述定义可知，α 表示一种映射关系，即将每一个 $t \in I$ 映射到点 $\boldsymbol{\alpha}(t)=[x(t),y(t),z(t)] \in R^3$，且 $x(t),y(t),z(t)$ 都是可微的，其中变量 t 为曲线参数。设 $x'(t)$、$y'(t)$ 和 $z'(t)$ 分别表示 x、y 和 z 在 t 点的一阶导数，则向量 $[x'(t),y'(t),z'(t)] \in \boldsymbol{\alpha}'(t) \in R^3$ 称为曲线 α 在 t 点的切向量，$\boldsymbol{\alpha}(I) \subset R^3$ 称为 α 的轨迹。

定义 4.2 对于可微参数曲线 α：$I \to R^3$，若对所有 $t \in I$，均有 $\boldsymbol{\alpha}'(t) \neq 0$，则称 α 为正则曲线。

定义 4.3 对于 $t \in I$，正则参数曲线 α：$I \to R^3$ 从点 t_0 开始的弧长可表示为

$$\int_{t_0}^{t} |\boldsymbol{\alpha}'(\tau)| \mathrm{d}\tau \tag{4-1}$$

式中，$|\boldsymbol{\alpha}'(\tau)| = \sqrt{(x'(t))^2+(y'(t))^2+(z'(t))^2}$ 表示 $\boldsymbol{\alpha}'(\tau)$ 的长度，由于 $\boldsymbol{\alpha}'(t) \neq 0$，弧长 s 是 t 的可微函数，且 $\mathrm{d}s/\mathrm{d}t = |\boldsymbol{\alpha}'(\tau)|$。

定义 4.4　记 $\boldsymbol{t}(s)=\mathrm{d}\boldsymbol{\alpha}(s)/\mathrm{d}s=\boldsymbol{\alpha}'(s)$ 为弧长参数曲线 α 在 s 点的单位切向量。

定义 4.5　曲线 α 在 s 点的二阶导数范数 $|\mathrm{d}^2\alpha/\mathrm{d}s^2|=|\boldsymbol{\alpha}''(s)|$ 表示邻近切线与 s 点切线的交点的变化率，或表示在 s 的一个邻域中，α 离开 s 点切线的速率。$|\boldsymbol{\alpha}''(\tau)|=\boldsymbol{k}(s)$ 称为 α 在点 s 的曲率。

定义 4.6　在 $\boldsymbol{k}(s)\neq 0$ 的点，与 $\boldsymbol{\alpha}''(s)$ 同方向的单位向量 $\boldsymbol{n}(s)$，存在 $\boldsymbol{\alpha}''(s)=\boldsymbol{k}(s)\boldsymbol{n}(s)$，$\boldsymbol{n}(s)$ 与 $\boldsymbol{\alpha}'(s)$ 正交，称 $\boldsymbol{n}(s)$ 为 α 在 s 点的主法向量。

定义 4.7　由单位切向量与主法向量构成的平面，称为 α 在 s 点的密切平面。

定义 4.8　与密切平面正交的单位向量 $\boldsymbol{b}(s)=\boldsymbol{t}(s)\times\boldsymbol{n}(s)$，称为 α 在 s 点的从法向量，其中 $\boldsymbol{t}(s)\times\boldsymbol{n}(s)$ 表示向量积。

下面对向量积进行定义：

定义 4.9　设（$\boldsymbol{e}_1,\boldsymbol{e}_2,\boldsymbol{e}_3$）为右手标准正交基，存在 $\boldsymbol{a}=a_1\boldsymbol{e}_1+a_2\boldsymbol{e}_2+a_3\boldsymbol{e}_3$ 和 $\boldsymbol{b}=b_1\boldsymbol{e}_1+b_2\boldsymbol{e}_2+b_3\boldsymbol{e}_3$，则 $\boldsymbol{a}$ 和 $\boldsymbol{b}$ 的向量积定义为向量 $\boldsymbol{a}\times\boldsymbol{b}$：

$$\boldsymbol{a}\times\boldsymbol{b}=(a_2b_3-a_3b_2)\boldsymbol{e}_1+(a_3b_1-a_1b_3)\boldsymbol{e}_2+(a_1b_2-a_2b_1)\boldsymbol{e}_3 \tag{4-2}$$

定义 4.10　对于可微曲线 α，$s\in I$，且 $|\boldsymbol{\alpha}''(s)|\neq 0$ 时，$\tau(s)$ 可由方程 $\boldsymbol{b}(s)=-\tau(s)\boldsymbol{n}(s)$ 定义为 α 在 s 点的挠率。

定义 4.11　设可微曲线 α 在各点的曲率均不为零，设弧长 s 为参数，由单位正交向量 $\boldsymbol{t}(s)$、$\boldsymbol{n}(s)$ 和 $\boldsymbol{b}(s)$ 组成的三面体称为 s 点的 Serret-Frenet 框架。

4.2.2　Serret-Frenet 方程

Serret-Frenet 方程是描述欧几里得空间 R 中粒子在连续可微曲线上运动的重要方法，同时也描述了曲线切线、法线和副法线的关系。

定理　设 $\boldsymbol{x}(s):(-\alpha,\alpha)\to R^2$ 是一条以弧长 s 为参数的可微曲线，($\boldsymbol{t}(s),\boldsymbol{n}(s),\boldsymbol{b}(s)$) 表示在 s 的 Serret-Frenet 标架，则有：

（1）Frenet 标架为右手系正标架；

（2）$\boldsymbol{t}(s)=\dot{\boldsymbol{x}}(s)$；

（3）$\begin{bmatrix}\dot{\boldsymbol{t}}(s)\\ \dot{\boldsymbol{n}}(s)\\ \dot{\boldsymbol{b}}(s)\end{bmatrix}=\begin{bmatrix}0 & \boldsymbol{k}(s) & 0\\ -\boldsymbol{k}(s) & 0 & \boldsymbol{\tau}(s)\\ 0 & -\tau(s) & 0\end{bmatrix}\begin{bmatrix}\boldsymbol{t}(s)\\ \boldsymbol{n}(s)\\ \boldsymbol{b}(s)\end{bmatrix}$。

考虑运动对象上的任意一点，给定以弧长 s 为参数的可微曲线 $x(s)$: $(-\alpha,\alpha)\to R^2$，采用引理 4.1 中的方程来描述对象运动方程，则单位切向量可表示为 $\boldsymbol{t}(s)=\dot{\boldsymbol{x}}(s)$，可以得到 $\|\boldsymbol{t}(s)\|=1$，即 $\langle \boldsymbol{t}(s),\boldsymbol{t}(s)\rangle=1$，$\boldsymbol{t}(s)$ 的内积为 1，沿弧长 s 求导得

$$\langle \dot{\boldsymbol{t}}(s),\boldsymbol{t}(s)\rangle+\langle \boldsymbol{t}(s),\dot{\boldsymbol{t}}(s)\rangle=0 \tag{4-3}$$

根据实向量空间中内积的可交换性，有 $\langle \dot{\boldsymbol{t}}(s),\boldsymbol{t}(s)\rangle=0$，进一步可知 $\dot{\boldsymbol{t}}(s)\perp\boldsymbol{t}(s)$；曲率 $\boldsymbol{k}(s)$ 为曲线切向量的范数；设 $\dot{\boldsymbol{t}}(s)$ 方向的单位向量为 $\boldsymbol{n}(s)$，则 $\dot{\boldsymbol{t}}(s)=\boldsymbol{k}(s)\boldsymbol{n}(s)$。同理可得 $\|\boldsymbol{n}(s)\|=1$，即 $\langle \boldsymbol{n}(s),\boldsymbol{n}(s)\rangle=1$，同样沿弧长 s 求导得

$$\langle \dot{\boldsymbol{n}}(s),\boldsymbol{n}(s)\rangle+\langle \boldsymbol{n}(s),\dot{\boldsymbol{n}}(s)\rangle=0 \tag{4-4}$$

同理可得出 $\langle \dot{\boldsymbol{n}}(s),\boldsymbol{n}(s)\rangle=1$，且有 $\dot{\boldsymbol{n}}(s)\perp\boldsymbol{n}(s)$。

定义曲线的副法线 $\boldsymbol{b}(s)=\boldsymbol{t}(s)\times\boldsymbol{n}(s)$，沿弧长 s 对其两边求导得

$$\begin{aligned}\dot{\boldsymbol{b}}(s)&=\dot{\boldsymbol{t}}(s)\times\boldsymbol{n}(s)+\boldsymbol{t}(s)\times\dot{\boldsymbol{n}}(s)\\&=\boldsymbol{k}(s)(\boldsymbol{n}(s)\times\boldsymbol{n}(s))+\boldsymbol{t}(s)\times\dot{\boldsymbol{n}}(s)\end{aligned} \tag{4-5}$$

根据向量的自身向量积为零，可知 $\dot{\boldsymbol{b}}(s)=\boldsymbol{t}(s)\times\dot{\boldsymbol{n}}(s)$。由于 $\dot{n}$ 与 n 垂直，则有

$$\dot{\boldsymbol{n}}(s)=\boldsymbol{\sigma}(s)\boldsymbol{t}(s)+\boldsymbol{\tau}(s)\boldsymbol{b}(s) \tag{4-6}$$

将式（4-6）代入式（4-5）得

$$\dot{\boldsymbol{b}}(s)=\boldsymbol{\tau}(s)(\boldsymbol{t}(s)\times\boldsymbol{b}(s))=-\boldsymbol{\tau}(s)\boldsymbol{n}(s) \tag{4-7}$$

对 $\boldsymbol{n}(s)=\boldsymbol{b}(s)\times\boldsymbol{t}(s)$，沿弧长 s 对其两边求导得

$$\begin{aligned}\dot{\boldsymbol{n}}(s)&=\dot{\boldsymbol{b}}(s)\times\boldsymbol{t}(s)+\boldsymbol{b}(s)\times\dot{\boldsymbol{t}}(s)\\&=-\boldsymbol{\tau}(s)(\boldsymbol{n}(s)\times\boldsymbol{t}(s))+\boldsymbol{k}(s)(\boldsymbol{b}(s)\times\boldsymbol{n}(s))\\&=\boldsymbol{k}(s)\boldsymbol{t}(s)+\boldsymbol{\tau}(s)\boldsymbol{b}(s)\end{aligned} \tag{4-8}$$

由式（4-7）和式（4-8）可得

$$\begin{cases}\dot{\boldsymbol{x}}(s)=\boldsymbol{t}(s)\\\dot{\boldsymbol{t}}(s)=\boldsymbol{k}(s)\boldsymbol{n}(s)\\\dot{\boldsymbol{n}}(s)=\boldsymbol{k}(s)\boldsymbol{t}(s)+\boldsymbol{\tau}(s)\boldsymbol{b}(s)\\\dot{\boldsymbol{b}}(s)=-\boldsymbol{\tau}(s)\boldsymbol{n}(s)\end{cases} \tag{4-9}$$

式中，向量 $\boldsymbol{t}(s)$、$\boldsymbol{n}(s)$ 和 $\boldsymbol{b}(s)$ 相互正交，因此由它们组成的矩阵满足 $[\boldsymbol{t}(s),\boldsymbol{n}(s),\boldsymbol{b}(s)]\in SO(3)$。

在后续章节中，将利用上述微分几何原理和 Serret-Frenet 方程相关知识，结合 UPV 非线性运动模型，在 Serret-Frenet 框架下推导系统的跟踪误差模型。

4.3　基于模拟对象的直线跟踪误差模型

4.3.1　UPV 横侧向运动模型

假设 UPV 保持稳定航速 u_c，进行定高巡航飞行，由于悬挂平台在横侧向不具有直接控制输入，只能通过控制翼伞尾缘下偏量来控制航向，属于欠驱动系统。由式（2-16）、式（2-17）可得系统横侧向运动学公式为

$$\begin{bmatrix}\dot{x}\\ \dot{y}\\ \dot{\psi}\end{bmatrix}=\begin{bmatrix}\cos\psi & -\sin\psi & 0\\ \sin\psi & \cos\psi & 0\\ 0 & 0 & 1\end{bmatrix}\begin{bmatrix}u\\ v\\ r\end{bmatrix}=J_1(\psi)\begin{bmatrix}u\\ v\\ r\end{bmatrix} \tag{4-10}$$

进一步由式（2-68）解耦得横侧向动力学公式为

$$\begin{cases}m_u\dot{u}=m_v vr-M_u u-M_{|u|}u|u|+F_u+d_u\\ m_v\dot{v}=-m_u ur-M_v v-M_{|v|}v|v|+d_v\\ m_v\dot{r}=(m_u-m_v)uv-M_r r-M_{|r|}r|r|+F_r+d_r\\ m_u=m+m_{a11},m_v=m+m_{a22},m_r=I_z+m_{a66}\end{cases} \tag{4-11}$$

式中，m 为 UPV 质量；m_{a11}、m_{a22}、m_{a66} 分别表示翼伞附加质量分量；I_z 为绕 z 轴的转动惯量；$M_{(\cdot)}$ 为气动力参数；F_u 为发动机推力，F_r 为尾缘偏转产生的横向控制力矩；$d_{(\cdot)}$ 为干扰项在体坐标下的分量。

4.3.2　航迹描述与切换方法

在侦查任务中，UPV 往往需遍历指定空域内所有航迹点。因此，为了尽量减小冗余航迹，我们采用直线将航迹点依次连接的方式描述 UPV 的期望航迹，即某一直线航迹 l_{k-1} 表示为由起点 W_{k-1} 到终点 W_k 的连线，且当 UPV 飞行至以 W_k 为圆心，R（最大可探测距离）为半径的圆形空域时，航迹切换为起点 W_k 到终点 W_{k+1} 的下一期望航迹 l_k。采用这一航迹描述与切换方法实现对所有指定航迹点的跟踪，并在每段航迹内控制 UPV 跟踪收敛到期望航迹。

假设某段航迹 l_k 两端航迹点在惯性坐标系下的位置为 $W_k=(x_k,y_k)$ 与 $W_{k+1}=(x_{k+1},y_{k+1})$，则该段航迹方程可表示为

$$\begin{cases}x_c(s)=x_c's+x_0\\y_c(s)=y_c's+y_0\end{cases} \tag{4-12}$$

式中，$s\in\mathbf{R}$ 为航迹参数，x_c'、y_c'定义为

$$\begin{cases}x_c'=\mathrm{d}x_c/\mathrm{d}s=x_{k+1}-x_k\\y_c'=\mathrm{d}y_c/\mathrm{d}s=y_{k+1}-y_k\end{cases} \tag{4-13}$$

x_0、y_0 为直线航迹在惯性坐标系中与各轴的截距，可表示为

$$\begin{cases}x_0=x_k\\y_0=y_k\end{cases} \tag{4-14}$$

4.3.3 跟踪误差模型

基于模拟对象的 UPV 直线航迹跟踪示意图如图 4-1 所示，I、B、F 分别表示惯性坐标系、UPV 体坐标系和 Serret-Frenet 坐标系；l_k 为期望航迹，P 表示 UPV 的质点，Q 为航迹上的模拟对象；将 I 沿 X_I 轴旋转角度 ψ_F，再将原点 O 平移至与 Q 点重合，所得坐标系即为以 Q 为原点的 F 坐标系，其中 ψ_F 表示为

$$\psi_F=\arctan\left(y_c'(s)/x_c'(s)\right) \tag{4-15}$$

定义航迹 l_k 上模拟对象 Q 在惯性坐标系下的位置为$\boldsymbol{\xi}_c=[x_c \quad y_c]^{\mathrm{T}}$，UPV 质点位置表示为 $\boldsymbol{\xi}=[x \quad y]^{\mathrm{T}}$，$F$ 坐标系下跟踪误差 $\boldsymbol{\varepsilon}=[x_e \quad y_e]^{\mathrm{T}}$ 可定义为

$$\boldsymbol{\varepsilon}=\boldsymbol{T}_{IF}^{\mathrm{T}}\boldsymbol{\xi}_e \tag{4-16}$$

式中，$\boldsymbol{\xi}_e=\boldsymbol{\xi}-\boldsymbol{\xi}_c$；$\boldsymbol{T}_{IF}^{\mathrm{T}}$为坐标系 I 到坐标系 F 的转换矩阵，对式（4-16）两边求导得

$$\dot{\boldsymbol{\varepsilon}}=\dot{\boldsymbol{T}}_{IF}^{\mathrm{T}}\boldsymbol{\xi}_e+T_{IF}^{\mathrm{T}}\dot{\boldsymbol{\xi}}_e \tag{4-17}$$

式中，$\dot{\boldsymbol{T}}_{IF}=\boldsymbol{T}_{IF}\boldsymbol{S}(\omega_F)$，且

$$\boldsymbol{S}(\omega_F)=\begin{bmatrix}0 & -\dot{\psi}_F\\ \dot{\psi}_F & 0\end{bmatrix} \tag{4-18}$$

基于模拟对象的跟踪方法，在设计曲率为零时可以满足直线跟踪要求，因此有 $\dot{\psi}_F=0$，将式（4-18）代入式（4-17）得

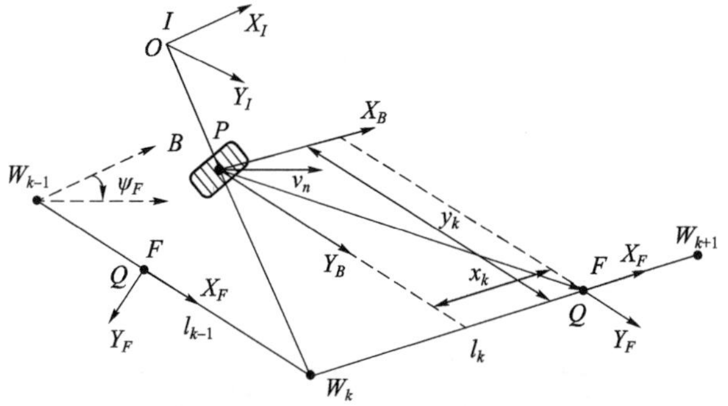

图 4-1　基于模拟对象的 UPV 直线航迹跟踪示意图

$$\dot{\boldsymbol{\varepsilon}} = \boldsymbol{T}_{IF}^{\mathrm{T}}(\dot{\boldsymbol{\xi}} - \dot{\boldsymbol{\xi}}_c) \tag{4-19}$$

式中，$\dot{\boldsymbol{\xi}} = \boldsymbol{T}_{IB}^{\mathrm{T}}\boldsymbol{v}_B$，$\boldsymbol{v}_B = [v_n \quad 0]^{\mathrm{T}}$ 为 UPV 在坐标系 B 下的速度，$v_n = \sqrt{u^2+v^2}$，$\boldsymbol{T}_{IB}$ 为坐标系 I 到坐标系 $\{B\}$ 的转换矩阵；$\dot{\boldsymbol{\xi}}_c = \boldsymbol{T}_{IF}\boldsymbol{v}_F$，$\boldsymbol{v}_F = [u_W \quad 0]^{\mathrm{T}}$ 为模拟对象在坐标系 F 下的速度，将其代入式（4-19）得

$$\dot{\boldsymbol{\varepsilon}} = \boldsymbol{T}_{IF}^{\mathrm{T}}(\boldsymbol{T}_{IB}\boldsymbol{v}_B - \boldsymbol{T}_{IF}\boldsymbol{v}_F) = \boldsymbol{T}(\psi_e)\boldsymbol{v}_B - \boldsymbol{v}_F \tag{4-20}$$

式中，

$$\boldsymbol{T}(\psi_e) = \begin{bmatrix} \cos\psi_e & -\sin\psi_e \\ \sin\psi_e & \cos\psi_e \end{bmatrix}, \psi_e = \psi - \psi_F$$

综上得基于模拟对象的 UPV 跟踪误差模型为

$$\begin{cases} \dot{x}_e = v_n \cos\psi_e - u_W \\ \dot{y}_e = v_n \sin\psi_e \end{cases} \tag{4-21}$$

定义：

$$\dot{\psi}_e = r - \dot{\psi}_F \tag{4-22}$$

4.4　控制器设计

控制目标：根据 UPV 水平面模型式（4-10）、式（4-11）与跟踪误差模型式（4-21），在存在外界干扰的条件下，给定期望航速 $u_c>0$，设计反馈控制器驱动飞行器跟踪期望航迹，并保证跟踪误差 x_e、y_e、ψ_e、$u-u_c$ 渐近收敛于零。

以下给出基于可调增益的反步控制器设计步骤。

Step 1 定义位置误差变量为

$$e=\sqrt{x_e^2+y_e^2} \tag{4-23}$$

定义 Lyapunov 函数：

$$V_1=\frac{1}{2}e^2 \tag{4-24}$$

对式（4-24）求导，并将式（4-21）代入得

$$\dot{V}_1=\dot{x}_e x_e+\dot{y}_e y_e=x_e(v_n\cos\psi_e-u_W)+y_e v_n\sin\psi_e \tag{4-25}$$

由式（4-25）单独设计模拟对象的线速度 u_W 为

$$u_W=v_n\cos\psi_e+k_1x_e \tag{4-26}$$

式中，$k_1>0$，且 UPV 纵向速度由发动机单独控制，因此由式（4-16）可知，当误差 x_e、y_e、ψ_e 趋近于零时，模拟对象的速度趋近于 v_n，可实现目标跟踪。进一步计算航迹参数变化率为

$$\dot{s}=\frac{v_n\cos\psi_e+k_1x_e}{\sqrt{(x_c')^2+(y_c')^2}} \tag{4-27}$$

将式（4-26）代入式（4-25）得

$$\dot{V}_1=-k_1x_e^2+y_e v_n\sin\psi_e \tag{4-28}$$

为了避免传统反步控制器形式过于复杂的情况，将式（4-28）转化为

$$\dot{V}_1=-k_1x_e^2+y_e v_n\left(\frac{\sin\psi_e}{\psi_e}\psi_{\bar{e}}+\frac{\sin\psi_e}{\psi_e}\alpha\right) \tag{4-29}$$

式中，$\psi_{\bar{e}}=\psi_e-\alpha$，进而设计虚拟控制量：

$$\alpha=-c_1y_e \tag{4-30}$$

式中，增益参数 $c_1>0$，将式（4-30）代入式（4-29）得

$$\dot{V}_1=-k_1x_e^2-k_2y_e^2+v_n\frac{\sin\psi_e}{\psi_e}\psi_{\bar{e}}y_e \tag{4-31}$$

式中，

$$k_2=c_1v_n\frac{\sin\psi_e}{\psi_e}$$

由于 $\exists\lim\limits_{\psi_e\to 0}\sin\psi_e/\psi_e=1$，且当 $\psi_e\in(-\pi,\pi)$ 时 $0<\sin\psi_e/\psi_e\leqslant 1$ 条件成立，故变量 $k_2>0$ 条件成立。

Step 2 根据式（4-24），定义 Lyapunov 函数：

$$V_2=V_1+\frac{1}{2}\gamma\psi_{\bar{e}}^2 \tag{4-32}$$

式中，增益参数 $\gamma>0$。对式（4-32）求导并将式（4-31）代入得

$$\dot{V}_2=\dot{V}_1+\gamma\psi_{\bar{e}}\dot{\psi}_{\bar{e}}=-k_1x_e^2-k_2y_e^2+\gamma\psi_{\bar{e}}\left(\dot{\psi}_{\bar{e}}+\frac{v_n}{\gamma}\frac{\sin\psi_e}{\psi_e}y_e\right) \tag{4-33}$$

对 $\psi_{\bar{e}}=\psi_e-\alpha$ 两边求导并由式（4-30）得

$$\dot{\psi}_{\bar{e}}=\dot{\psi}_e+c_1\dot{y}_e$$

将式（4-22）代入式（4-33）整理得

$$\dot{V}_2=-k_1x_e^2-k_2y_e^2+\gamma\psi_{\bar{e}}\left(r+c_1\dot{y}_e+\frac{v_n}{\gamma}\frac{\sin\psi_e}{\psi_e}y_e\right) \tag{4-34}$$

将式（4-34）进行简化，令

$$\dot{V}_2=\dot{V}_{x_e}+\dot{V}_{y_e,\psi_e}$$

将误差模型式（4-21）代入式（4-34）得

$$\dot{V}_{y_e,\psi_e}=-k_2y_e^2+\gamma\psi_{\bar{e}}\left(r+c_1v_n\sin\psi_e+\frac{v_n}{\gamma}\frac{\sin\psi_e}{\psi_e}y_e\right) \tag{4-35}$$

进一步将 $\psi_{\bar{e}}=\psi_e-\alpha$ 代入式（4-35）得

$$\begin{aligned}\dot{V}_{y_e,\psi_e}&=-k_2y_e^2+\gamma\psi_{\bar{e}}\left[r+c_1v_n\frac{\sin\psi_e}{\psi_e}(\psi_{\bar{e}}-c_1y_e)+\frac{v_n}{\gamma}\frac{\sin\psi_e}{\psi_e}y_e\right]\\&=-k_2y_e^2+\gamma\psi_{\bar{e}}\left[r+c_1v_n\frac{\sin\psi_e}{\psi_e}\psi_{\bar{e}}+\left(\frac{1}{\gamma}-c_1^2\right)v_n\frac{\sin\psi_e}{\psi_e}y_e\right]\end{aligned} \tag{4-36}$$

式中，c_1 与 γ 均为设计参数，不妨取 $\gamma=1/c_1^2$，代入式（4-36），消去部分复杂非线性项，得到

$$\dot{V}_{y_e,\psi_e}=-k_2y_e^2+\gamma\psi_{\bar{e}}\left(r+c_1v_n\frac{\sin\psi_e}{\psi_e}\psi_{\bar{e}}\right) \tag{4-37}$$

此时如果设计偏航角速度虚拟控制量为

$$r_c=-c_2\psi_{\bar{e}}-c_1v_n\frac{\sin\psi_e}{\psi_e}\psi_{\bar{e}} \tag{4-38}$$

可以保证

$$\dot{V}_{y_e,\psi_e}=-k_2y_e^2-c_2\gamma\psi_{\bar{e}}^2\leqslant 0 \tag{4-39}$$

但由虚拟控制量式（4-38）可以看出，控制量形式较为复杂，不利于后续控制器设计，因此本书基于可调增益的思想，将虚拟控制量重新定义为

$$r_c=-c_2\psi_{\bar{e}} \tag{4-40}$$

将式（4-40）代入式（4-37）可得

$$\dot{V}_{y_e,\psi_e}=-k_2 y_e^2-k_3\psi_{\bar{e}}^2+\gamma\psi_{\bar{e}}r_e \tag{4-41}$$

式中，

$$k_3=c_2\gamma\left(1-\frac{c_1 v_n}{c_2}\frac{\sin\psi_e}{\psi_e}\right),\ r_e=r-r_c$$

通过设计控制器参数 c_1 与 c_2，使得 $c_2>c_1 v_m$，从而 $k_3>0$ 条件成立。v_m 为速度上界，体现了可调增益思想。

进一步可得

$$\dot{V}_2=-k_1 x_e^2-k_2 y_e^2-k_3\psi_{\bar{e}}^2+\gamma\psi_{\bar{e}}r_e \tag{4-42}$$

综上所述，由 UPV 横侧向动力学式（4-11）可推导航迹跟踪控制器为

$$\begin{cases}F_u=m_{11}(-k_u u_e-k_{ui}\varepsilon_1+\dot{u}_c)-f_u\\ F_r=m_{33}(-k_r r_e-k_{ri}\varepsilon_2+\dot{r}_c-r_{co})-f_r\end{cases} \tag{4-43}$$

式中，

$$\begin{cases}f_u=m_v vr-M_u u-M_{|u|}u|u|+d_1\\ f_r=(m_u-m_v)uv-M_r r-M_{|r|}r|r|+d_3\end{cases}$$

式中，k_u、k_{ui}、k_r、k_{ri}为控制器参数；r_{co}为鲁棒补偿项。控制器中增加了积分项以提高系统在外界干扰条件下的鲁棒性。将式（4-43）代入 UPV 动力学模型式（4-11）可得误差系统

$$\begin{cases}\dot{u}_e=-k_u u_e-k_{ui}\varepsilon_1\\ \dot{r}_e=-k_r r_e-k_{ri}\varepsilon_2-r_{co}\end{cases} \tag{4-44}$$

式中，$u_e=u-u_c$。

定义 $\dot{\varepsilon}_1=u_e$，$\dot{\varepsilon}_2=r_e$，则有 $\ddot{\varepsilon}_1=\dot{u}_e$，$\ddot{\varepsilon}_2=\dot{r}_e$，式（4-44）可表示为

$$\begin{cases}\ddot{\varepsilon}_1=-k_u\dot{\varepsilon}_1-k_{ui}\varepsilon_1\\ \ddot{\varepsilon}_2=-k_r\dot{\varepsilon}_2-k_{ri}\varepsilon_2-r_{co}\end{cases} \tag{4-45}$$

进一步定义 $\boldsymbol{\varepsilon}=[\varepsilon_1\quad\varepsilon_2]^{\mathrm{T}}$，$\dot{\boldsymbol{\varepsilon}}=[\dot{\varepsilon}_1\quad\dot{\varepsilon}_2]^{\mathrm{T}}$，$\boldsymbol{E}=[\boldsymbol{\varepsilon}^{\mathrm{T}}\quad\dot{\boldsymbol{\varepsilon}}^{\mathrm{T}}]^{\mathrm{T}}$，则

$$\dot{\boldsymbol{E}}=\boldsymbol{AE}+\boldsymbol{BU} \tag{4-46}$$

式中，

$$\boldsymbol{A}=\begin{bmatrix}\boldsymbol{0}_{2\times2} & \boldsymbol{I}_{2\times2}\\ -\boldsymbol{K}_{I2\times2} & \boldsymbol{K}_{P2\times2}\end{bmatrix},\boldsymbol{B}=\begin{bmatrix}\boldsymbol{0}_{2\times2}\\ \boldsymbol{I}_{2\times2}\end{bmatrix},\boldsymbol{U}=\begin{bmatrix}0\\ -r_{co}\end{bmatrix}$$

$$K_I=\mathrm{diag}\{-k_{ui},-k_{ri}\},\ K_P=\mathrm{diag}\{-k_u,-k_r\}$$

通过对传统反步控制法进行改进，合理设计增益参数，消除了控制器中部分复杂非线性项，在保证系统稳定性和跟踪精度的同时，简化了控制器形式，更有利于工程实现，设计的反馈补偿项能够提高系统的鲁棒性。

4.5　鲁棒稳定性分析

定理　考虑 UPV 横侧向动力学式（4-10）、式（4-11）和跟踪误差模型式（4-21），及期望分段直线航迹式（4-12），航迹跟踪控制器式（4-43），设计鲁棒补偿项式（4-50），则闭环系统稳定，且系统误差变量一致最终有界，并按指数收敛到原点的一个充分小的邻域内。

证明　定义 Lyapunov 函数：

$$V_3=V_2+\frac{1}{2}\boldsymbol{E}^{\mathrm{T}}\boldsymbol{P}\boldsymbol{E} \tag{4-47}$$

式中，正定对称阵 $\boldsymbol{P}$ 为线性 Lyapunov 方程的解：

$$\boldsymbol{A}^{\mathrm{T}}\boldsymbol{P}+\boldsymbol{P}\boldsymbol{A}=-\boldsymbol{Q} \tag{4-48}$$

$$\boldsymbol{P}=\begin{bmatrix}\boldsymbol{P}_1 & \boldsymbol{0}_{2\times2}\\ \boldsymbol{0}_{2\times2} & \boldsymbol{P}_2\end{bmatrix}$$

式中，对称阵$\boldsymbol{P}_i=\mathrm{diag}\ \{p_{i1},\ p_{i2}\}$（$i=1,\ 2$），若选取$\boldsymbol{P}_1=\boldsymbol{K}_I\boldsymbol{P}_2$，可得

$$\boldsymbol{Q}=\begin{bmatrix}\boldsymbol{0}_{2\times2} & \boldsymbol{0}_{2\times2}\\ \boldsymbol{0}_{2\times2} & 2\boldsymbol{K}_I\boldsymbol{P}_2\end{bmatrix}$$

对式（4-47）求导并将式（4-42）代入得

$$\begin{aligned}\dot{V}_3&=-k_1x_e^2-k_2y_e^2-k_3\psi_{\bar{e}}^2-\frac{1}{2}\boldsymbol{E}^{\mathrm{T}}\boldsymbol{Q}\boldsymbol{E}+\gamma\psi_{\bar{e}}r_e+\boldsymbol{E}^{\mathrm{T}}\boldsymbol{P}\boldsymbol{B}\boldsymbol{U}\\&=-k_1x_e^2-k_2y_e^2-k_3\psi_{\bar{e}}^2-\frac{1}{2}\boldsymbol{E}^{\mathrm{T}}\boldsymbol{Q}\boldsymbol{E}+\gamma\psi_{\bar{e}}r_e-\gamma_{co}r_er_{co}\end{aligned} \tag{4-49}$$

设计鲁棒补偿项：

$$r_{co}=\frac{\gamma\psi_{\bar{e}}}{\gamma_{co}} \tag{4-50}$$

将式（4-50）代入式（4-49）得

$$\dot{V}_3=-k_1x_e^2-k_2y_e^2-k_3\psi_{\bar{e}}^2-\frac{1}{2}\boldsymbol{E}^{\mathrm{T}}\boldsymbol{Q}\boldsymbol{E}\leqslant0 \tag{4-51}$$

当且仅当$[x_e \quad y_e \quad \psi_{\bar{e}}]^{\mathrm{T}}=\mathbf{0}_{3\times1}$，$\boldsymbol{E}=\mathbf{0}_{4\times1}$时，$\dot{V}_3=0$，由 LaSalle 不变原理可知，闭环系统误差变量可按指数收敛到原点的一个充分小的邻域内。

根据 UPV 横侧向动力学模型式（4-11）与虚拟控制量表达式（4-30）、式（4-40），替换控制器式（4-43）中的过渡变量 u_e、r_e、r_c、r_{co}，系统动力学等价控制器可描述为

$$\begin{cases}\dot{u}=\dot{u}_c-k_u(u-u_c)-k_{ui}\varepsilon_1\\ \dot{r}=-\eta_1 y_e-\eta_2\psi_e-\eta_3 r-k_{ri}\varepsilon_2-c_1c_2v_n\sin\psi_e\end{cases} \tag{4-52}$$

式中，

$$\begin{cases}\eta_1=c_1\left(\dfrac{\gamma}{\gamma_{co}}+c_2k_r+c_2^2\right)\\ \eta_2=\dfrac{\gamma}{\gamma_{co}}+c_2k_r+c_2^2\\ \eta_3=c_2+k_r\end{cases}$$

4.6 仿真试验分析

为了验证所提算法的有效性，对所设计控制器进行直线航迹跟踪仿真试验。UPV 直线航迹跟踪控制系统主要包括航迹规划、航迹切换、UPV 模型以及反步跟踪控制器 4 个部分。UPV 控制系统框图如图 4-2 所示。

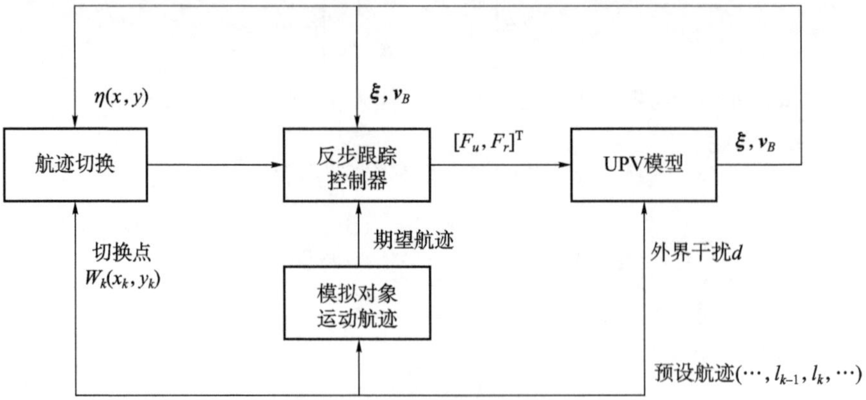

图 4-2　UPV 控制系统框图

设定仿真参数：期望纵向速度 $u_c=14$ m/s；初始状态 $[x \quad y \quad u \quad v$

$\psi \quad r]^{\mathrm{T}}=[800 \quad 100 \quad 10 \quad 0 \quad \pi \quad 0]^{\mathrm{T}}$；控制器参数 $k_1=0.05$，$k_u=0.5$，$k_{ui}=0.1$，$c_1=0.2$，$\gamma=1/c_1^2=25$，$c_2=2$，$k_r=20$，$k_{ri}=10$。

外界干扰项定义为 $d_{(\cdot)}$，且 $\dot{d}+Kd=T\varepsilon$，式中 ε 为高斯白噪声，设计干扰项的时间常数矩阵 $\boldsymbol{K}=\mathrm{diag}\{5,5,5\}$，干扰项的增益系数矩阵 $\boldsymbol{T}=\mathrm{diag}\{20,10,10\}$。

根据 UPV 在开阔空域的巡航要求，设计期望航迹点为（单位：m）

$$W_1=(800,50),W_2=(400,50),W_3=(200,350)$$

$$W_4=(600,650),W_5=(1\,000,350),W_6=(900,250)$$

$$W_7=(650,500),W_8=(550,430),W_9=(750,210)$$

$$W_{10}=(600,100),W_{11}=(500,230)$$

在上述条件下，将其与基于航迹点方法的 PID 控制器进行对比，试验结果如图 4-3～图 4-7 所示。由图 4-3 所示的航迹跟踪性能曲线和图 4-4 所示的航迹跟踪误差曲线可以看出，基于航迹点的传统 PID 方法参数不易调节，在定工况或工作点不变（直线段跟踪）时可以满足控制指标要求，但在航迹切换点处以及受到外界干扰时，控制效果变差，无法实现准确跟踪。而本书提出的基于模拟对象的鲁棒反步控制器能够克服 PID 控制器易产生调量、调节时间长和鲁棒性差的缺点，高精度地跟踪期望航迹，实现稳态误差收敛于零，且能够实现航迹段间的平滑切换，减小系统冗余航程，对

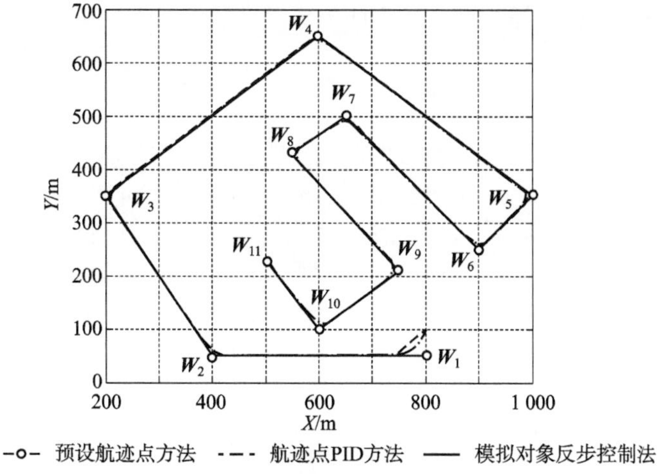

（a）

图 4-3　航迹跟踪性能曲线

（a）整条航迹跟踪性能

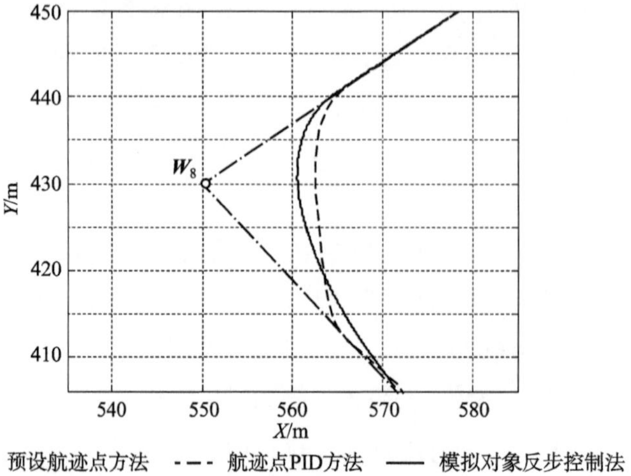

（b）

图 4-3 航迹跟踪性能曲线（续）

（b）航迹点 W_8 跟踪性能

干扰具有鲁棒性。由图 4-5 所示的偏航角响应曲线和图 4-6 所示的系统状态量响应曲线可以看出，PID 方法在控制过程中容易产生振荡，导致系统失稳，而基于模拟对象的鲁棒反步控制法在保证控制精度的同时，系统状态具有更好的稳定性和更快的响应速度。图 4-7 所示为跟踪控制输入曲线，从该图可以看出，与 PID 方法相比，设计的控制器可以减小执行机构的振荡，控制输入相对平稳，进一步验证了所提方法的有效性。

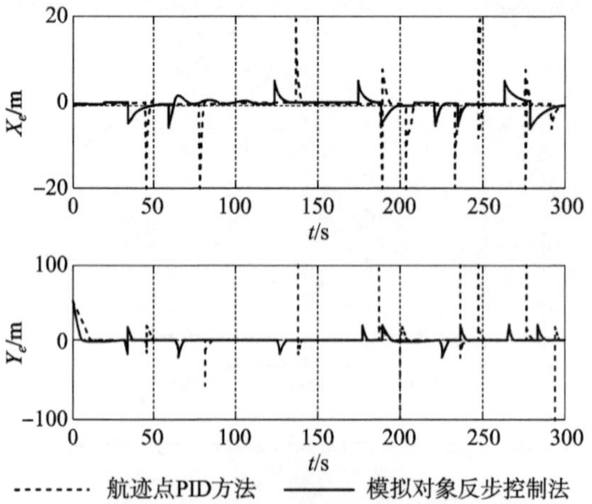

图 4-4 航迹跟踪误差曲线

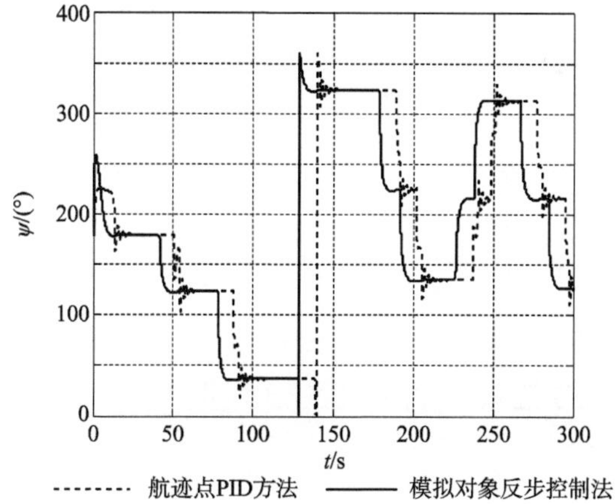

图 4-5　偏航角响应曲线

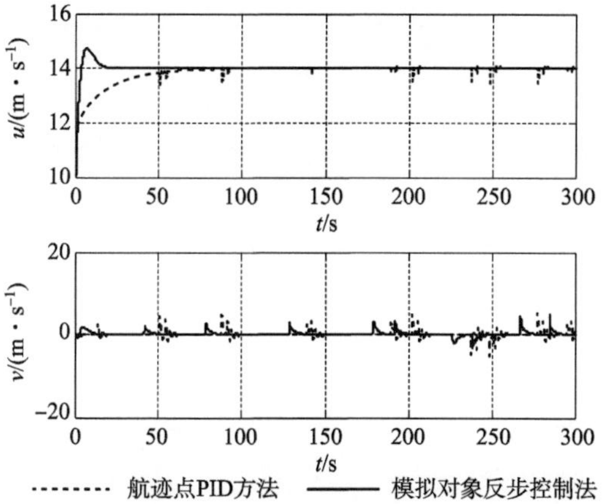

图 4-6　系统状态量响应曲线

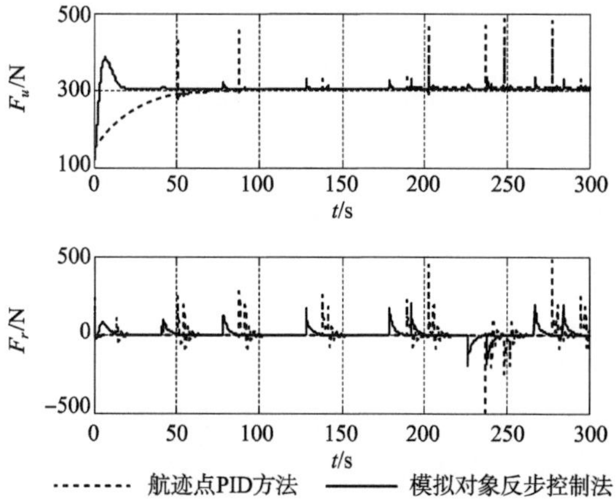

图 4-7　跟踪控制输入曲线

4.7 本章小结

本章对含外界干扰条件的 UPV 直线航迹跟踪控制问题进行了研究。首先，给出了直线航迹跟踪的描述与切换方法，构建了基于模拟对象方法的跟踪误差模型；其次，针对误差模型设计可调增益反步控制器，基于 Lyapunov 理论设计鲁棒补偿项，在保证系统稳定性的同时提高鲁棒性；最后，分析了 UPV 的直线航迹跟踪性能，验证了所提方法的有效性。

第 5 章　基于干扰观测器的 UPV 鲁棒反步曲线跟踪控制

本章在第 4 章直线跟踪控制的基础上，对含非线性复合干扰条件的 UPV 曲线跟踪控制问题进行研究。首先，基于模拟对象的曲线航迹跟踪误差模型，设计可调增益反步跟踪控制器；其次，采用二阶跟踪-微分器设计干扰观测器对系统复合干扰进行估计和补偿；再次，根据 Lyapunov 理论设计鲁棒反馈补偿项，进一步提高算法的鲁棒性；最后，对所提方法在复合干扰作用下的航迹跟踪性能进行仿真验证。

5.1　引言

在 UPV 的实际任务中，准确的曲线航迹跟踪能力是其穿越复杂空域、实现安全飞行的重要保证。不同于直线跟踪，在曲线跟踪控制过程中，一方面需要考虑期望航迹的曲率特性，增加了对跟踪误差模型的描述难度；另一方面，翼伞特殊的柔性结构，导致建模具有不确定性，且特殊的气动特性和飞行速度慢的特点使 UPV 在飞行过程中受外界干扰的影响会更大。因此，如何抑制系统参数的不确定性、建模误差和外界扰动所构成的复合干扰，是控制器设计过程中必须考虑的问题。

基于上述讨论，本章重点对含非线性复合干扰条件的 UPV 曲线跟踪控制问题进行研究，提出了一种非线性基于干扰观测器的可调增益鲁棒反步控制方法。首先，将设计曲率不为零时的模拟对象跟踪方法扩展至 UPV 曲线跟踪控制中，推导了 Serret-Frenet 坐标下 UPV 曲线的跟踪误差模型；然后，借鉴文献［142］的思想，基于二阶跟踪-微分器设计非线性干扰观测器，对系统存在的复合干扰进行估计和补偿，在此基础上，设计可调增益反步跟踪控制器；最后，根据 Lyapunov 理论设计鲁棒补偿项，在对跟踪误差进行补偿的同时，保证了闭环系统的稳定性。将所提方法应用于 UPV 曲线航迹跟踪控制中，仿真结果验证了控制器的有效性。

5.2 基于模拟对象的曲线跟踪误差模型

本章基于模拟对象的跟踪方法，选择设计曲率不为零，建立系统曲线航迹的跟踪误差模型。基于模拟对象的 UPV 曲线航迹跟踪示意图如图 5-1 所示，I、B、F 分别表示惯性坐标系、UPV 体坐标系和 Serret-Frenet 坐标系；l_k 为期望航迹，P 为 UPV 的质点，Q 为航迹上的模拟对象；将 I 沿 X_I 轴旋转角度 ψ_F，再将原点 O 平移至与 Q 重合，所得坐标系即以 Q 为原点的 F 坐标系，其中 ψ_F 表示为

$$\psi_F = \arctan\left(y_c'(s)/x_c'(s)\right) \tag{5-1}$$

式中，

$$x_c' = \frac{\partial x_c}{\partial s}, y_c' = \frac{\partial y_c}{\partial s}$$

s 为路径参数。定义 l_k 上模拟对象 Q 在惯性坐标系下的位置为$\boldsymbol{\xi}_c = [x_c(\mu) \quad y_c(\mu)]^{\mathrm{T}}$，UPV 的质点位置为$\boldsymbol{\xi} = [x \quad y]^{\mathrm{T}}$，$B$ 坐标系下跟踪误差 $\boldsymbol{\varepsilon} = [x_e \quad y_e]^{\mathrm{T}}$ 可定义为

$$\boldsymbol{\varepsilon} = \boldsymbol{T}_{IB}\boldsymbol{\xi}_e \tag{5-2}$$

式中，$\boldsymbol{\xi}_e = \boldsymbol{\xi} - \boldsymbol{\xi}_c$；$\boldsymbol{T}_{IB}$为坐标系 I 到坐标系 B 的转换矩阵，对式（5-2）两边求导得

$$\dot{\boldsymbol{\varepsilon}} = \dot{\boldsymbol{T}}_{IB}\boldsymbol{\xi}_e + \boldsymbol{T}_{IB}\dot{\boldsymbol{\xi}}_e \tag{5-3}$$

式中，$\dot{\boldsymbol{T}}_{IB}^{\mathrm{T}} = \boldsymbol{T}_{IB}^{\mathrm{T}}\boldsymbol{S}(\omega_B)$，且

$$\boldsymbol{S}(\omega_B) = \begin{bmatrix} 0 & -r \\ r & 0 \end{bmatrix} \tag{5-4}$$

将式（5-4）代入式（5-3）得

$$\dot{\boldsymbol{\varepsilon}} = \boldsymbol{S}^{\mathrm{T}}(\omega_B)\boldsymbol{T}_{IB}\boldsymbol{\xi}_e + \boldsymbol{T}_{IB}\dot{\boldsymbol{\xi}}_e \tag{5-5}$$

由于$\dot{\boldsymbol{\xi}}_e = \dot{\boldsymbol{\xi}} - \dot{\boldsymbol{\xi}}_c$，且 $\dot{\boldsymbol{\xi}} = R_B\boldsymbol{v}_B$，其中$\boldsymbol{v}_B = [u \quad v]^{\mathrm{T}}$ 为 UPV 在坐标系 B 下的速度；$\dot{\boldsymbol{\xi}}_d = \boldsymbol{T}_{IF}^{\mathrm{T}}\boldsymbol{v}_F$，其中$\boldsymbol{v}_F = [u_P \quad 0]^{\mathrm{T}}$ 为模拟对象在坐标系 F 下的速度，$\boldsymbol{T}_{IF}$为坐标系 I 到坐标系 F 的转换矩阵，将上述关系式代入式（5-5）得

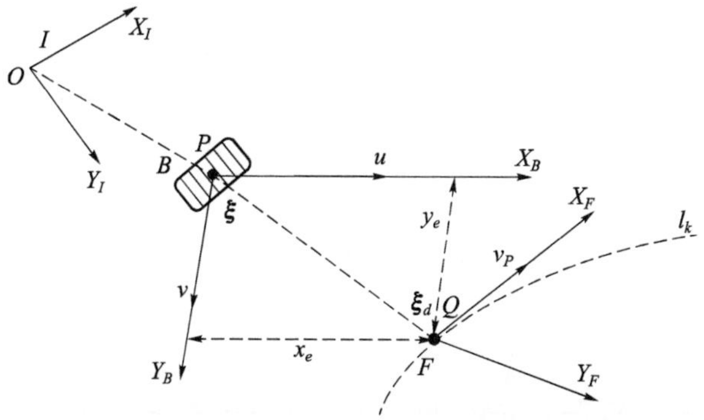

图 5-1　基于模拟对象的 UPV 曲线航迹跟踪示意图

$$\begin{aligned}\dot{\boldsymbol{\varepsilon}} &= \boldsymbol{S}^{\mathrm{T}}(\omega_B)\boldsymbol{\varepsilon}+\boldsymbol{T}_{IB}(\dot{\boldsymbol{\xi}}-\dot{\boldsymbol{\xi}}_c)\\ &= \boldsymbol{S}^{\mathrm{T}}(\omega_B)\boldsymbol{\varepsilon}+\boldsymbol{T}_{IB}\boldsymbol{T}_{IB}^{\mathrm{T}}\boldsymbol{v}_B-\boldsymbol{T}_{IB}\boldsymbol{T}_{IF}^{\mathrm{T}}\boldsymbol{v}_F\\ &= \boldsymbol{S}^{\mathrm{T}}(\omega_B)\boldsymbol{\varepsilon}+\boldsymbol{v}_B-\boldsymbol{T}(\psi_e)\boldsymbol{v}_F\end{aligned} \tag{5-6}$$

式中，

$$\boldsymbol{T}(\psi_e)=\begin{bmatrix}\cos\psi_e & \sin\psi_e\\ -\sin\psi_e & \cos\psi_e\end{bmatrix},\ \psi_e=\psi-\psi_F$$

将式（5-6）整理可得系统跟踪误差模型：

$$\begin{cases}\dot{x}_e=ry_e+u-u_P\cos\psi_e\\ \dot{y}_e=-rx_e+u_P\sin\psi_e+v\end{cases} \tag{5-7}$$

同时定义：

$$\dot{\psi}_e=r-\dot{\psi}_F \tag{5-8}$$

5.3　控制器设计

5.3.1　控制目标

根据 UPV 横侧向运动模型式（4-10）、式（4-11）和跟踪误差模型式（5-7），在存在系统复合干扰情况下，给定期望航迹 l_k 与模拟对象速度 $u_P>0$，利用 NDOB 对系统复合干扰进行在线估计和补偿，进而基于可调增益反步控制法设计反馈控制器驱动 UPV 跟踪期望航迹，并保证误差跟踪系统一致最终有界。UPV 航迹跟踪控制器框图如图 5-2 所示。

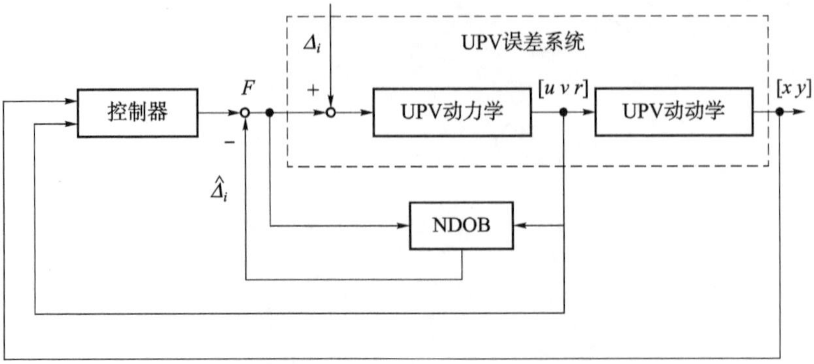

图 5-2 UPV 航迹跟踪控制器框图

5.3.2 非线性干扰观测器设计

5.3.2.1 非线性跟踪-微分器理论

在实际的工程问题中，常常需要从测量信号中跟踪提取真实信号或微分信号。传统方法主要采用超前网络和数值差分法实现。但是，当输入信号存在不连续或随机噪声时，传统方法往往难以物理实现。针对这一问题，文献［139］根据二阶连续系统最速控制综合函数提出了非线性跟踪-微分器的概念，给出了非线性跟踪-微分器的基本性质和一般形式，并对信号跟踪命题进行了证明和仿真。下面对非线性跟踪-微分器的相关理论知识进行介绍。

1）非线性跟踪-微分器的基本理论

非线性跟踪-微分器，即假设输入信号为 $v(t)$，系统将输出 $v(t)$ 的跟踪信号 $x_1(t)$ 和 $x_1(t)$ 的微分信号 $x_2(t)$，即若 $x_1(t)$ 跟踪 $v(t)$，而 $x_2(t)=\dot{x}_1(t)$，则把 $x_2(t)$ 作为 $x_1(t)$ 的“近似微分”。

定理 5.1 如果系统：

$$\begin{cases}\dot{z}_1(t)=z_2(t)\\ \dot{z}_2(t)=f(z_1(t),z_2(t))\end{cases} \tag{5-9}$$

满足 $\lim\limits_{t\to\infty}(z_1(t),z_2(t))=0$，那么对任意有界可积函数 $v(t)$ 和任意常数 $T>0$，系统：

$$\begin{cases}\dot{x}_1(t)=x_2(t)\\ \dot{x}_2(t)=R^2 f\left(x_1(t)-v(t),\dfrac{x_2(t)}{R}\right)\end{cases} \tag{5-10}$$

的解 $x_1(t)$ 满足：

$$\lim_{t\to\infty}\int_0^T |x_1(t)-v(t)|\mathrm{d}t = 0 \tag{5-11}$$

下面通过引理5.2对定理5.1进行证明。

定理5.2　当 $v(t)=c$ 是常值函数时定理5.1成立。

定理5.1的证明　由引理5.2，结果对 $v(t)=\text{Const}$ 成立。对任意给定的有界可积函数 $v(t)$，$t\in[0,T]$，$v\in L^1(0,T)$。对任意的 $\varepsilon>0$，存在连续函数 $\varphi\in[0,T]$ 使得

$$\int_0^T |v(t)-\psi(t)|\mathrm{d}t<\frac{\varepsilon}{4} \tag{5-12}$$

对这个连续函数 ψ，存在函数序列 $\varphi_n(t)$，$n=1,2,\cdots$，使 $\varphi_n(t)$ 在 $[0,T]$ 上一致收敛于 ψ。所以存在正整数 N，使 $M>N$ 时，$|\psi(t)-\varphi_M(t)|<\varepsilon/(4T)$ 对所有 $t\in[0,T]$ 成立。因此

$$\int_0^T |v(t)-\varphi_M(t)|\mathrm{d}t \leqslant \int_0^T |v(t)-\psi(t)|\mathrm{d}t + \int_0^T |\psi(t)-\varphi_M(t)|\mathrm{d}t<\frac{\varepsilon}{2} \tag{5-13}$$

由于 $\psi(t)$ 为连续函数，简单函数 $\varphi(t)$ 将 $[0,T]$ 划分为有限个子区间，记为 I_i，$i=1,2,\cdots,m$，且 $\varphi_M(t)$ 在每一个 I_i 恒等于某一个常数。由引理5.2，存在 $R_0>0$，当 $R>R_0$ 时有

$$\int_{I_i} |x_1(t) - \varphi_M(t)|\mathrm{d}t < \frac{\varepsilon}{2m}, \forall i = 1,2,\cdots,m \tag{5-14}$$

从而

$$\int_0^T |x_1(t)-\varphi_M(t)|\mathrm{d}t<\frac{\varepsilon}{2} \tag{5-15}$$

因此，如果 $R>R_0$，

$$\int_0^T |x_1(t)-v(t)|\mathrm{d}t \leqslant \int_0^T |x_1(t)-\varphi_M(t)|\mathrm{d}t + \int_0^T |\varphi_M(t)-v(t)|\mathrm{d}t < \varepsilon \tag{5-16}$$

即定理5.1得证。

2）二阶跟踪-微分器

从定理5.1的证明过程可以看出，结论的成立对函数 $f(z_1(t), z_2(t))$ 的具体形式没有特定要求，只要保证系统式（5-9）的任意解满足 $z_i(t)\to 0$（$t\to\infty$），$i=1,2,\cdots,n$ 即可，因此可以进一步得到二阶跟踪-微分器的表现

形式。

由二阶快速最优控制系统，可得二阶跟踪-微分器为

$$\begin{cases}\dot{x}_1(t)=x_2(t)\\ \dot{x}_2(t)=-R\text{sgn}\left(x_1(t)-v(t)+\dfrac{x_1(t)\,|x_1(t)|}{2R}\right)\end{cases}\tag{5-17}$$

为了削弱观测器的输出抖振，将符号函数 sgn 替换为饱和函数 sat 得到有效的二阶跟踪-微分器：

$$\begin{cases}\dot{x}_1(t)=x_2(t)\\ \dot{x}_2(t)=-R\text{sat}\left(x_1(t)-v(t)+\dfrac{x_1(t)\,|x_1(t)|}{2R},\delta\right)\end{cases}\tag{5-18}$$

式中，

$$\text{sat}(A,\delta)=\begin{cases}\text{sgn}(A), & |A|>\delta\\ \dfrac{A}{\delta}, & |A|\leqslant\delta,\delta>0\end{cases}\tag{5-19}$$

由上述非线性跟踪-微分器的描述可知，定理是增益在极限状态下成立的，但具体实现时，增益只能取有限值，且增益的取值范围与非线性跟踪-微分器的阶数和被跟踪信号的形式有关。

5.3.2.2 干扰观测器设计

系统的复合干扰不仅会影响系统的控制性能，甚至可能导致系统发散。利用非线性跟踪-微分器对输入信号及其微分信号的良好跟踪能力，采用二阶跟踪-微分器设计 NDOB 实现对复合干扰的估计，并在控制输入端进行补偿。

对于一般系统：

$$\dot{x}=f+gu+d\tag{5-20}$$

式中，x 为状态量；u 为控制输入；f 和 g 为模型函数；d 为未知复合干扰。

如果系统复合干扰连续可微且一阶导数有界，则将 NDOB 设计为如下形式：

$$\begin{cases}\dot{\hat{x}}=f+gu+\hat{d}\\ \dot{\hat{d}}=-L\text{sgn}\left(\hat{x}-x+\dfrac{|\hat{d}|\hat{d}}{2L}\right)\end{cases}\tag{5-21}$$

式中，$\hat{x}$ 和 $\hat{d}$ 分别表示 x 和 d 的观测值；L 为系统待设计参数。

定义误差 $e_1=\hat{x}-x$，$e_2=\hat{d}-d$，则根据式（5-21）误差系统可表示为

$$\begin{cases}\dot{e}_1=e_2 & (5\text{-}22\text{a})\\ \dot{e}_2=-L\text{sgn}(e_1),L>0 & (5\text{-}22\text{b})\end{cases}$$

显然有误差（e_1,e_2）渐近收敛于（0,0）。

证明　若 $e_1>0$，$e_2>0$，则根据式（5-22）（b）有 $e_2\to 0$；若 $e_1>0$，$e_2<0$，则根据式（5-22）（a）有 $e_1\to 0$；若 $e_1<0$，$e_2<0$，则根据式（5-22）（b）有 $e_2\to 0$；若 $e_1<0$，$e_2>0$，则根据式（5-22）（a）有 $e_1\to 0$。由以上分析可知，（e_1,e_2）渐近收敛于（0,0）。

假设　系统复合干扰 $d_i(i=u,r)$ 及其导数 $\dot{d}_i(i=u,r)$ 有界，且存在未知正常数 $C_{1i}(i=u,r)$，$C_{2i}(i=u,r)$，使 $|d_i|\leqslant C_{1i}(i=u,r)$，$|\dot{d}_i|\leqslant C_{2i}(i=u,r)$ 成立。

进一步，将 NDOB 式（5-22）中的符号函数 sgn(·) 改为饱和函数 sat(·)，可以有效削弱观测器的输出抖振，从而实现对系统复合干扰 d_u，d_r 的有效估计。

$$\begin{cases}\dot{\hat{u}}=f_u+g_uF_u+\hat{d}_u\\ \dot{\hat{d}}_u=-L_u\text{sat}\left(\hat{u}-u+\dfrac{|\hat{d}_u|\hat{d}_u}{2L_u}\right)\end{cases}\tag{5-23}$$

$$\begin{cases}\dot{\hat{r}}=f_r+g_rF_r+\hat{d}_r\\ \dot{\hat{d}}_r=-L_r\text{sat}\left(\hat{r}-r+\dfrac{|\hat{d}_r|\hat{d}_r}{2L_r}\right)\end{cases}\tag{5-24}$$

式中，$\hat{u}$ 和 $\hat{r}$ 分别为 u 和 r 的估计值；$L_i(i=u,r)$ 为待设计参数。

5.3.3　可调增益反步控制器设计

Step 1　定义位置误差变量为

$$e=\sqrt{x_e^2+y_e^2}\tag{5-25}$$

定义 Lyapunov 函数：

$$V_1=\frac{1}{2}e^2\tag{5-26}$$

对式（5-26）求导，并将式（5-7）代入，整理得

$$\begin{aligned}\dot{V}_1 &= \dot{x}_e x_e + \dot{y}_e y_e \\ &= x_e(u - u_P\cos\psi_e) + y_e(u_P\sin\psi_e + v)\end{aligned} \tag{5-27}$$

根据传统反步控制法思想，此时应设计控制量分别为

$$u = -c_1 x_e + u_P\cos\psi_e \tag{5-28}$$

$$\psi_e = -\arcsin\left(\frac{c_2 y_e}{\sqrt{1+(c_2 y_e)^2}}\right) \tag{5-29}$$

式中，$c_1>0$，$c_2>0$ 为基于视线导航法的增益参数，将式（5-28）、式（5-29）代入式（5-27），可得

$$\dot{V}_1 = -c_1 x_e^2 - c_2 u_P \frac{1}{\sqrt{1+(c_2 y_e)^2}} y_e^2 + y_e v \tag{5-30}$$

若根据式（5-30）进一步设计反步控制器，容易发现，由于式（5-29）中虚拟控制量形式复杂，会导致在后续设计过程中出现高阶导数问题，增加控制器的复杂度。针对这一问题，基于反馈增益思想，将式（5-27）重新表示为

$$\dot{V}_1 = x_e(u_d + u_e - u_P\cos\psi_e) + y_e\left[u_P\frac{\sin\psi_e}{\psi_e}(\bar{\psi} + \alpha_1) + v\right] \tag{5-31}$$

式中，$u_e = u - u_d$；$\bar{\psi} = \psi_e - \alpha_1$。考虑 $\lim\limits_{\psi_e\to 0}(\sin\psi_e/\psi_e) = 1$ 存在，且对于 $\psi_e \in (-\pi,\pi)$，$0<\sin\psi_e/\psi_e \leqslant 1$ 条件成立，因此式（5-31）在区间 $(-\pi,\pi)$ 上存在定义。

重新设计虚拟控制量为

$$u_d = -c_1 x_e + u_P\cos\psi_e \tag{5-32}$$

$$\alpha_1 = -k_1 y_e \tag{5-33}$$

式中，增益参数 $k_1>0$。将式（5-32）、式（5-33）代入式（5-31）可得

$$\dot{V}_1 = -c_1 x_e^2 - k_1 u_P \frac{\sin\psi_e}{\psi_e} y_e^2 + x_e u_e + y_e u_P \frac{\sin\psi_e}{\psi_e}\bar{\psi} + y_e v \tag{5-34}$$

根据以上推导可知，基于反馈增益思想设计的虚拟控制量式（5-33），与基于传统反步控制法设计的式（5-28）相比，控制量的形式更简单，避免了控制器后续设计过程中虚拟量的复杂导数问题，更有利于工程实现。

Step 2 根据式（5-25），定义如下 Lyapunov 函数：

$$V_2 = V_1 + \frac{1}{2}p\bar{\psi}^2 \tag{5-35}$$

式中，控制增益参数 $p>0$。对式（5-35）求导，并将式（5-34）代入得

$$\dot{V}_2=\dot{V}_1+p\bar{\psi}\dot{\bar{\psi}}$$
$$=-c_1x_e^2-k_1u_P\frac{\sin\psi_e}{\psi_e}y_e^2+p\bar{\psi}\left(\dot{\bar{\psi}}+\frac{1}{p}u_Py_e\frac{\sin\psi_e}{\psi_e}\right)+x_eu_e+y_ev \tag{5-36}$$

式中，$\dot{\bar{\psi}}=\dot{\psi}_e+k_1\dot{y}_e$，将式（5-8）和式（5-33）代入式（5-36）得

$$\dot{V}_2=-c_1x_e^2-k_1u_P\frac{\sin\psi_e}{\psi_e}y_e^2+p\bar{\psi}\left(r-r_F+k_1\dot{y}_e+\frac{1}{p}u_Py_e\frac{\sin\psi_e}{\psi_e}\right)+x_eu_e+y_ev \tag{5-37}$$

由于 $\psi_e=\bar{\psi}+\alpha_1$，将式（5-7）代入式（5-32）整理得

$$\begin{aligned}\dot{V}_2=&-c_1x_e^2-k_1u_P\frac{\sin\psi_e}{\psi_e}y_e^2+p\bar{\psi}\left[r-r_F+k_1rx_e+k_1u_P\frac{\sin\psi_e}{\psi_e}\bar{\psi}+\right.\\&\left.\left(\frac{1}{p}-k_1^2\right)u_Py_e\frac{\sin\psi_e}{\psi_e}+k_1v\right]+x_eu_e+y_ev\end{aligned} \tag{5-38}$$

式中，k_1 与 p 均为控制器设计参数，不妨取 $p=1/k_1^2$，代入式（5-38），消去部分复杂非线性项，得到

$$\dot{V}_2=-c_1x_e^2-k_1u_P\frac{\sin\psi_e}{\psi_e}y_e^2+p\bar{\psi}\left(r-r_F+k_1rx_e+k_1u_P\frac{\sin\psi_e}{\psi_e}\bar{\psi}+k_1v\right)+x_eu_e+y_ev \tag{5-39}$$

通过上述过程，进一步设计简化得虚拟控制量为

$$\alpha_2=r_F-k_1rx_e+k_2\bar{\psi} \tag{5-40}$$

结合式（5-40）、式（5-39）可表示为

$$\dot{V}_2=-c_1x_e^2-k_1u_P\frac{\sin\psi_e}{\psi_e}y_e^2-k_2p\left(1-\frac{k_1u_P}{k_2}\frac{\sin\psi_e}{\psi_e}\right)\bar{\psi}^2+p\bar{\psi}r_e+k_1p\bar{\psi}v+x_eu_e+y_ev \tag{5-41}$$

式中，$r_e=r-\alpha_2$。根据反馈增益思想，通过设计控制器参数 k_1 与 k_2，使 $k_2>k_1u_m$，从而在区间（$-\pi,\pi$）上，$1-(k_1u_P/k_2)(\sin\psi_e/\psi_e)>0$ 条件成立，u_m 为速度上界。

Step 3　利用 NDOB 对复合干扰进行估计和补偿，并进一步在控制器中增加积分项以提高系统在干扰条件下的鲁棒性，则最终控制器可表示为

$$\begin{cases}F_u=m_{11}(-k_u u_e-k_{iu}\varepsilon_1+\dot{u}_d-u_{co})-f_u-\hat{d}_u\\F_r=m_{33}(-k_r r_e-k_{ir}\varepsilon_2+\dot{r}_d-r_{co})-f_r-\hat{d}_r\end{cases}\tag{5-42}$$

式中，

$$\begin{cases}f_u=m_v vr-M_u u-M_{|u|}u|u|\\f_r=(m_u-m_v)uv-M_r r-M_{|r|}r|r|\end{cases}$$

式中，k_u、k_{iu}、k_r、k_{ir}为控制器参数；u_{co}、r_{co}为鲁棒补偿项。

定义误差 $\dot{\varepsilon}_1=u_e$，$\dot{\varepsilon}_2=r_e$，结合式（5-42）与动力学模型式（4-11）可得 u、r 的误差方程：

$$\begin{cases}\dot{u}_e=-k_u u_e-k_{iu}\varepsilon_1-u_{co}\\\dot{r}_e=-k_r r_e-k_{ir}\varepsilon_2-r_{co}\end{cases}\tag{5-43}$$

由 $\ddot{\varepsilon}_1=\dot{u}_e$，$\ddot{\varepsilon}_2=\dot{r}_e$，误差方程式（5-43）可重新表示为

$$\begin{cases}\ddot{\varepsilon}_1=-k_u\dot{\varepsilon}_1-k_{iu}\varepsilon_1-u_{co}\\\ddot{\varepsilon}_2=-k_r\dot{\varepsilon}_2-k_{ir}\varepsilon_2-r_{co}\end{cases}\tag{5-44}$$

进一步定义 $\boldsymbol{\varepsilon}=[\varepsilon_1\quad\varepsilon_2]^{\mathrm{T}}$，$\dot{\boldsymbol{\varepsilon}}=[\dot{\varepsilon}_1\quad\dot{\varepsilon}_2]^{\mathrm{T}}$，$\boldsymbol{E}=[\boldsymbol{\varepsilon}^{\mathrm{T}}\quad\dot{\boldsymbol{\varepsilon}}^{\mathrm{T}}]^{\mathrm{T}}$，则式（5-44）可表示为

$$\dot{\boldsymbol{E}}=\boldsymbol{AE}+\boldsymbol{BU}\tag{5-45}$$

式中，

$$\boldsymbol{A}=\begin{bmatrix}\boldsymbol{0}_{2\times2}&\boldsymbol{I}_{2\times2}\\-\boldsymbol{K}_{I2\times2}&\boldsymbol{K}_{P2\times2}\end{bmatrix},\boldsymbol{B}=\begin{bmatrix}\boldsymbol{0}_{2\times2}\\\boldsymbol{I}_{2\times2}\end{bmatrix},\boldsymbol{U}=\begin{bmatrix}-u_{co}\\-r_{co}\end{bmatrix}$$

$$\boldsymbol{K}_I=\mathrm{diag}\{-k_{iu},-k_{ir}\},\boldsymbol{K}_P=\mathrm{diag}\{-k_u,-k_r\}$$

5.4 鲁棒稳定性分析

定理 考虑 UPV 横侧向运动学式（4-10）、式（4-11）和跟踪误差模型式（5-7），在复合干扰条件下，设定期望航迹 l_k 和模拟对象运动速度 u_P，分别设计 NDOB 式（5-21）与跟踪控制器式（5-42），选择适当的参数，可以保证闭环系统稳定，且系统误差变量一致最终有界。

证明　定义干扰的估计误差：

$$\begin{cases}\tilde{d}_u = \hat{d}_u - d_u \\ \tilde{d}_r = \hat{d}_r - d_r\end{cases} \tag{5-46}$$

由误差系统式（5-22）与证明过程可知，通过合理选择参数 $L_i(i=u, r)$，可以保证估计误差 $\tilde{d}_i(i=u,r)$ 有限时间收敛。

定义 Lyapunov 函数：

$$V_3 = V_2 + \frac{1}{2}\boldsymbol{E}^{\mathrm{T}}\boldsymbol{PE} \tag{5-47}$$

式中，正定对称阵 $\boldsymbol{P}$ 为线性 Lyapunov 方程的解：

$$\boldsymbol{A}^{\mathrm{T}}\boldsymbol{P} + \boldsymbol{PA} = -Q \tag{5-48}$$

$$\boldsymbol{P} = \begin{bmatrix} \boldsymbol{P}_1 & \boldsymbol{0}_{2\times2} \\ \boldsymbol{0}_{2\times2} & \boldsymbol{P}_2 \end{bmatrix}$$

式中，对称阵$\boldsymbol{P}_i = \mathrm{diag}\{p_{i1}, p_{i2}\}\,(i=1,2)$，若选取$\boldsymbol{P}_1 = \boldsymbol{K}_{\mathrm{I}}\,\boldsymbol{P}_2$，可得

$$\boldsymbol{Q} = \begin{bmatrix} \boldsymbol{0}_{2\times2} & \boldsymbol{0}_{2\times2} \\ \boldsymbol{0}_{2\times2} & 2\,\boldsymbol{K}_{\mathrm{I}}\,\boldsymbol{P}_2 \end{bmatrix}$$

对式（5-47）求导并将式（5-41）代入得

$$\dot{V}_3 = -c_1 x_e^2 - k_1 u_P \frac{\sin\psi_e}{\psi_e} y_e^2 - \frac{1}{2}\boldsymbol{E}^{\mathrm{T}}\boldsymbol{QE} - k_2 p\left(1 - \frac{k_1 u_P}{k_2}\frac{\sin\psi_e}{\psi_e}\right)\bar{\psi}^2 + p\bar{\psi}r_e + \boldsymbol{E}^{\mathrm{T}}\boldsymbol{PBU} + k_1 p\bar{\psi}v + x_e u_e + y_e v \tag{5-49}$$

对式（5-49）进一步整理得

$$\dot{V}_3 = -c_1 x_e^2 - k_1 u_P \frac{\sin\psi_e}{\psi_e} y_e^2 - \frac{1}{2}\boldsymbol{E}^{\mathrm{T}}\boldsymbol{QE} - k_2 p\left(1 - \frac{k_1 u_P}{k_2}\frac{\sin\psi_e}{\psi_e}\right)\bar{\psi}^2 + p\bar{\psi}r_e - p_{21}u_e u_{co} - p_{22}r_e r_{co} + k_1 p\bar{\psi}v + x_e u_e + y_e v \tag{5-50}$$

此时设计鲁棒补偿项：

$$u_{co} = \frac{1}{p_{21}}x_e \tag{5-51}$$

$$r_{co} = \frac{p}{p_{22}}\bar{\psi} \tag{5-52}$$

将式（5-51）和式（5-52）代入式（5-50）得

$$
\begin{aligned}
\dot{V}_3 = & -c_1 x_e^2 - k_1 u_P \frac{\sin\psi_e}{\psi_e} y_e^2 - \frac{1}{2}\boldsymbol{E}^{\mathrm{T}}\boldsymbol{QE} - \\
& k_2 p\left(1 - \frac{k_1 u_P}{k_2}\frac{\sin\psi_e}{\psi_e}\right)\bar{\psi}^2 + \\
& k_1 p|\bar{\psi}||v| + |y_e||v|
\end{aligned}
\tag{5-53}
$$

在欠驱动系统运动过程中，自由度速度存在有界性，且根据 UPV 运动特性可知存在 $|v| \leqslant v_m$，其中 v_m 为飞行器最大侧向速度，利用均值不等式原理，可将式（5-53）放缩为

$$
\begin{aligned}
\dot{V}_3 = & -c_1 x_e^2 - \left(k_1 u_P \frac{\sin\psi_e}{\psi_e} - \frac{1}{2}\right) y_e^2 - \frac{1}{2}\boldsymbol{E}^{\mathrm{T}}\boldsymbol{QE} - \\
& k_2 p\left(1 - \frac{k_1 u_P}{k_2}\frac{\sin\psi_e}{\psi_e} - \frac{k_1}{2k_2}\right)\bar{\psi}^2 + \left(\frac{k_1 p}{2} + \frac{1}{2}\right) v_m^2 \leqslant \\
& -cV_3 + \eta
\end{aligned}
\tag{5-54}
$$

式中，

$$
c = \min\left\{2c_1, 2\left(k_1 u_P \frac{\sin\psi_e}{\psi_e} - \frac{1}{2}\right), \frac{\lambda_{\min}(Q)}{\lambda_{\max}(P)},\ 2k_2\left(1 - \frac{k_1 u_P}{k_2}\frac{\sin\psi_e}{\psi_e} - \frac{k_1}{2k_2}\right)\right\}
\tag{5-55}
$$

$$
\eta = \left(\frac{k_1 p}{2} + \frac{1}{2}\right) v_m^2 \tag{5-56}
$$

如果选择 $\sigma = \eta / c > 0$，则式（5-54）满足

$$
0 \leqslant V_3(t) \leqslant \sigma + (V_3(0) - \sigma)\mathrm{e}^{-ct} \tag{5-57}
$$

由式（5-57）可得，闭环系统一致最终有界，且通过合理设计增益参数 k_1、k_2、p 和增益矩阵 $\boldsymbol{P}_1$、$\boldsymbol{P}_2$ 可以保证系统收敛于原点处较小邻域 σ 内。

5.5 仿真试验分析

在 MATLAB/Simulink 环境中搭建航迹跟踪控制系统，采用本章所设计控制器对 UPV 模型进行闭环系统仿真，验证方法的有效性。

针对 UPV 在指定区域的侦查探测任务，定义期望曲线航迹为

$$
\begin{cases}
x(s) = 125\cos(0.02s) \\
y(s) = 125\sin(0.02s)
\end{cases}
\tag{5-58}
$$

UPV 初始状态 $x=0$，$y=-10$ m，$u=10$ m/s，$v=0$，$\psi=\pi/4$，$r=0°/s$。

加入复合干扰项 $d_u=1.2\sin(0.1t)+0.2$，$d_r=0.8\sin(0.15t)+0.1$。根据式（5-21）设计非线性干扰观测器，参数选取为 $L_u=1.5$，$L_r=0.1$。

控制器参数选取如下。速度控制器：$k_u=0.5$，$k_{iu}=0.1$；航向控制器：$k_1=0.2$，$p=1/k_1^2=4$，$k_2=7.5$，$k_r=20$，$k_{ir}=1$，$p_{21}=5$，$p_{22}=5$；定义期望航迹上模拟对象的飞行速度为 $u_W=u_0(1-\tanh(x_e/\rho))$，其中期望速度 $u_0=14$ m/s，$\rho=0.5$。

为验证所提方法在系统运行过程中的扰动抑制性能，将本章方法与无 NDOB 的常规反步控制法进行对比，仿真结果如图 5-3～图 5-8 所示。由图 5-3所示的航迹跟踪曲线、图 5-4 所示的航迹跟踪误差曲线和图 5-5 姿态角跟踪曲线可以看出，在存在系统复合干扰的情况下，常规反步控制法误差明显，跟踪效果较差，而本章所提控制器能够准确实现对干扰的估计和补偿，高精度地跟踪期望航迹与姿态角，实现稳态误差收敛于零，保证了系统对干扰的鲁棒性。由图 5-6 所示的速度响应曲线与图 5-7 所示的控制输入曲线可以看出，常规反步控制过程中容易产生振荡，导致系统失稳，而可调增益反步控制法在保证控制精度的同时对系统状态具有更好的稳定性。干扰估计效果如图 5-8 所示，所设计的观测器能够有效地估计系统干扰，且收敛速度较快。可以注意到干扰估计值比干扰值有一定的时间延迟，这是由于运行过程中观测器需要提取系统控制量，而当前值为此刻控制器输出，无法作为观测器的输入，因此取上一时刻值作为该控制量。

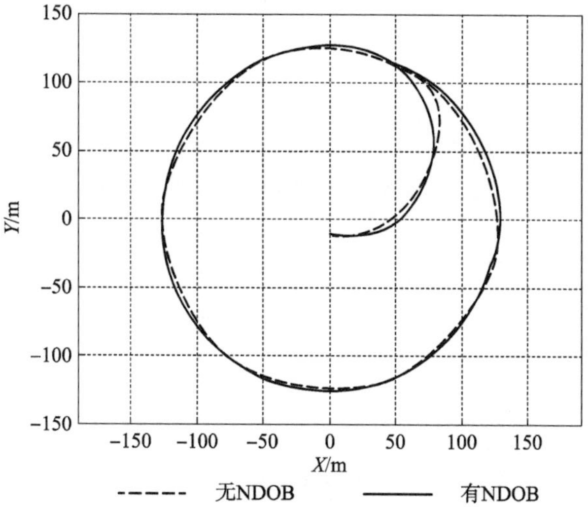

图 5-3　航迹跟踪曲线

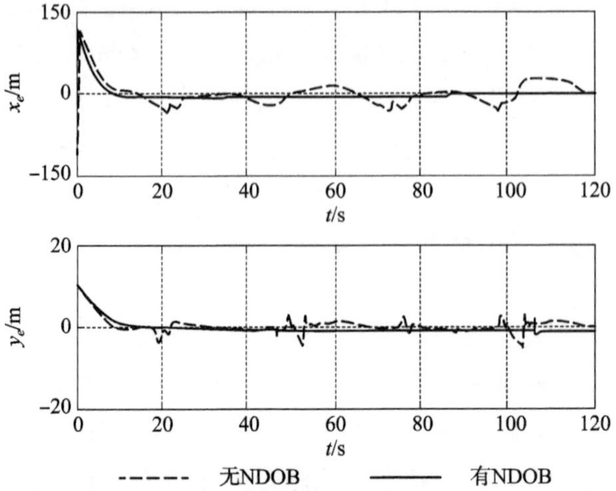

图 5-4 航迹跟踪误差曲线

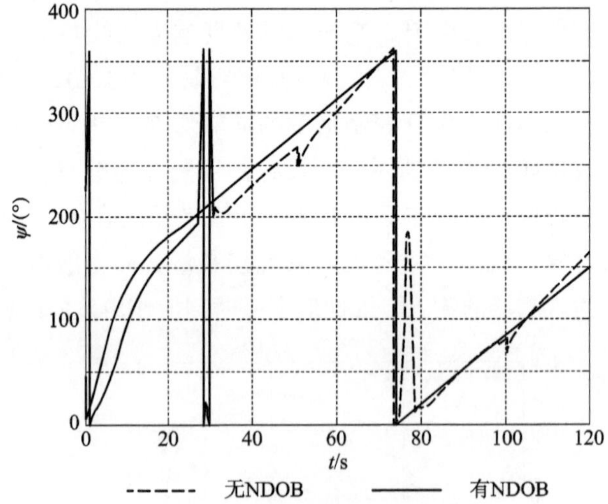

图 5-5 姿态角跟踪曲线

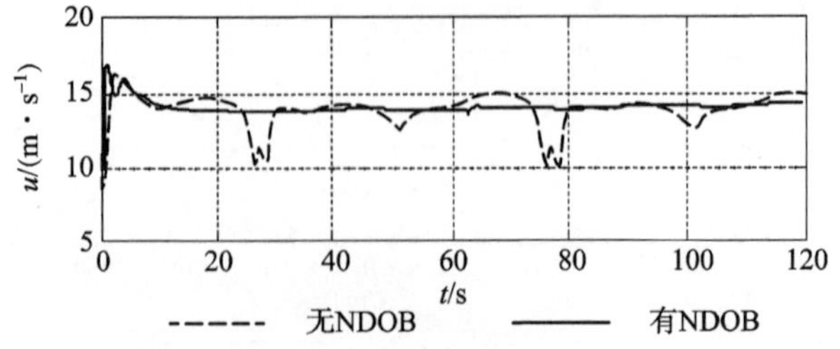

图 5-6 速度响应曲线

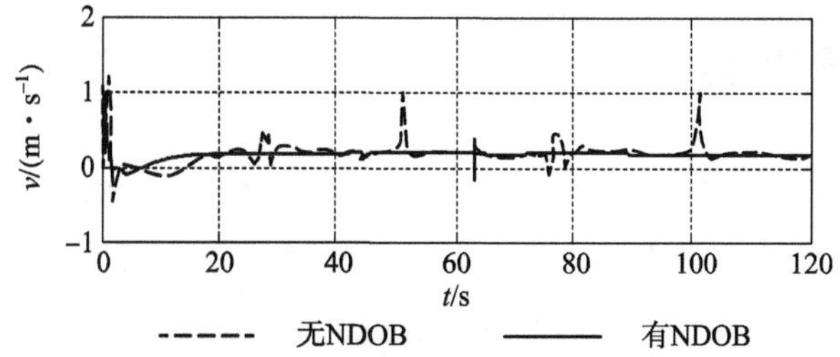

图 5-6　速度响应曲线（续）

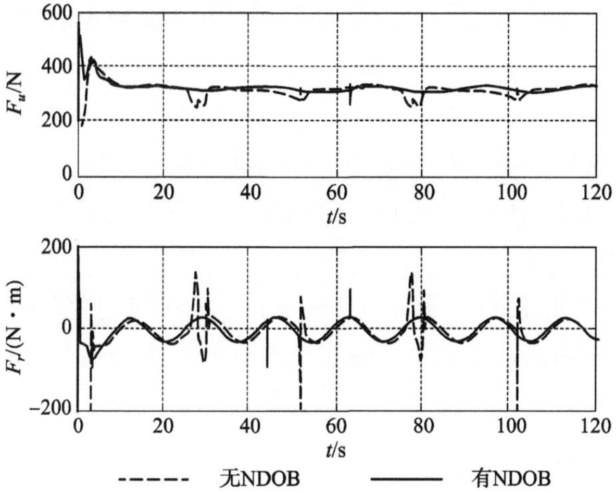

图 5-7　控制输入曲线

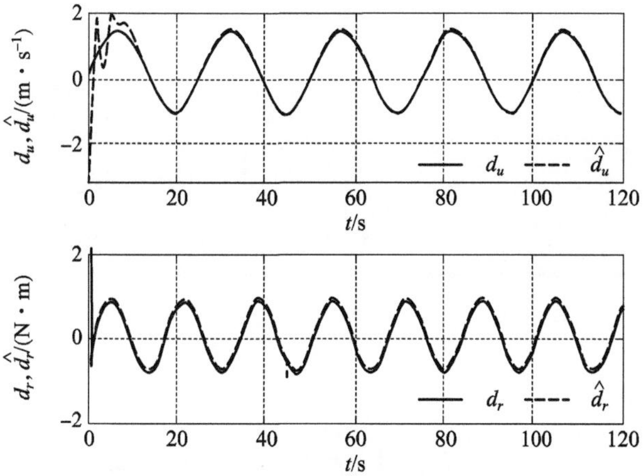

图 5-8　干扰估计效果

5.6 本章小结

本章对含非线性复合干扰条件的UPV曲线航迹跟踪控制问题进行了研究，提出了一种基于非线性干扰观测器的可增益鲁棒反步控制方法。试验结果表明，所提方法可以实现曲线航迹的准确跟踪。本章主要完成了以下几方面工作。

（1）将设计曲率不为零时的模拟对象跟踪方法扩展至UPV曲线航迹跟踪控制中，推导了Serret-Frenet坐标下UPV曲线跟踪误差模型，在简化误差系统形式的同时，有利于减小冗余航迹。

（2）考虑系统非线性复合干扰，基于二阶跟踪-微分器设计的非线性干扰观测器，实现对系统非线性复合干扰的准确估计和补偿。在跟踪误差模型和干扰观测器的基础上，设计了可调增益反步控制器，通过消除非线性项简化了控制器形式。

（3）利用非线性跟踪-微分器理论和Lyapunov稳定性定理证明了观测器的收敛性和闭环系统的稳定性，通过仿真试验对观测器的干扰抑制性能和所提方法的有效性进行了验证。

第 6 章　基于 TH-RRT 算法的 UPV 航迹规划研究

UPV 飞行速度慢、高度低、战场生存能力弱，为了发挥其军事效能，就要依靠航迹规划，提高其战场生存能力。在运动性能和设计飞行控制方法的基础上，对 UPV 复杂任务环境下的航迹规划问题进行研究，提出了基于双层启发的快速扩展随机树算法（Two-Layer Heuristic Rapidly-Exploring Random Tree，TH-RRT）。首先，对 UPV 的运动性能和复杂威胁环境进行建模，给出运动性能约束和威胁规避条件；然后，在常规 RRT 的基础上引入双层启发搜索策略和航迹优化策略，构建基于 TH-RRT 的 UPV 航迹规划方法；最后，对算法在不同任务空间中的规划性能进行仿真试验，验证算法的有效性。

6.1　引言

目前，针对包括 UPV 在内的翼伞系统航迹规划的研究主要集中在归航着陆方面，尤其以无动力翼伞空投系统为主，其目的是提高定点空投和归航着陆的精度，方法主要分为两类：一类是经典规划法；另一类是智能规划法。不同于翼伞空投系统只有归航下降段的飞行过程，UPV 安装的动力装置使其具有高度的可控性和姿态的灵活性，飞行过程包括起飞、巡航侦查和回收着陆等阶段。因此，针对不同任务下的航迹规划研究对实现 UPV 可靠的自主飞行具有重要意义。

当 UPV 执行威胁空域任务时，往往在复杂环境下进行低空飞行。为了提高生存能力，需要航迹规划时要规避威胁航迹。同时在规划过程中，必须充分考虑翼伞的机动性能、空域威胁信息以及地形障碍等约束条件，保证所规划航迹和控制输入在实际中具有可操作性。目前，根据获取航迹点方式的不同，飞行器航迹规划算法主要分为确定性算法和随机性算法。

确定性算法主要通过建立空间信息模型或数学模型来求解计算可行的飞行航迹，典型方法有 A^* 算法和人工势场法，其中，A^* 算法通过引入合理的启发信息优先搜索可能位于最短航迹上的航迹点，有利于提高搜索速率，但在高维空间下性能变差；人工势场法规划速度快，应用于移动机器人领域实时性好，但算法存在局部极小点问题，容易导致规划失败。

随机性算法通过对每段航迹进行碰撞检测，避免了对整体空间信息的建模，具有扩展性强的优点，有效解决了局部最小点问题和高维度“组合爆炸”问题。最具代表性的方法有概率路线图算法（Probabilistic Roadmap Method，PRM）和快速扩展随机树法。其中，PRM 算法利用随机采样产生任务空间中无碰撞的路标点，采用扩展阶段和查询阶段的两步法寻找全局可行路径，具有概率完备性，但算法在不规则边界障碍物和狭窄任务空间内的路标点采样性能不高；RRT 算法的基本原理是在任务空间中以节点生长的方式构建起始点到目标点的随机树，是一种更有效的航迹规划算法，但同 PRM 算法一样，均匀的随机扩展策略导致算法遇到复杂环境规划问题时，规划结果存在优化不足的问题且没有考虑对象运动性能的约束。

本章根据 UPV 飞行环境并结合实际应用价值，选择搜索效率更高、实时性更好的 RRT 算法进行飞行过程的航迹规划，在此基础上对常规 RRT 算法进行改进，提出了基于 TH-RRT 的 UPV 航迹规划方法。首先，介绍常规 RRT 算法的基本原理，并对方法存在的问题进行分析；其次，建立 UPV 的运动性能和威胁环境模型，给出运动性能约束和威胁规避条件；然后，在上述分析的基础上，对常规 RRT 算法进行改进，通过引入面向目标的启发式采样策略、新节点扩展策略，以及全局和局部航迹优化策略，提出基于 TH-RRT 算法的航迹规划算法，并对算法的性能和概率完备性进行分析；最后，仿真分析所提算法在不同任务空间航迹规划中的性能，进一步总结算法参数的选取原则，在实际应用中能够根据任务环境的不同，通过调整算法参数合理权衡航迹的规划效果和计算效率。

6.2 常规 RRT 算法

快速扩展随机树算法 RRT 是由 Lavalle 于 1998 年提出的一种基于采样的增量式搜索方法，利用随机采样方式得到树的根节点，采用增量扩展方式选取离根节点最近的叶节点，在不断的扩展过程中构造随机树，到达目标点后反向搜索得到规划路径。RRT 算法是一种单次查询算法，不需要路径查询过程，通过构造快速搜索树节约了系统内存空间，相比 PRM 算法具有更高效的路径搜索能力。

6.2.1　RRT 算法的基本原理

设任务空间为 C，C_{free}为可行区域，C_{obs}为威胁障碍区域，且 C_{free}与 C_{obs}均为 C 的子集，满足 $C=C_{free}\cup C_{obs}$和 $C_{free}\cap C_{obs}=\varnothing$。起始点和目标点分别为 p_{start}和 p_{goal}，且满足 $p_{start}\in C_{free}$和 $p_{goal}\in C_{free}$，现需要规划出一条从起始点到目标点的可行轨迹。

RRT 算法分为随机树生长阶段和反向路径搜索阶段，其中随机树生长阶段为算法的主要内容，方式为在任务区域内建立以起始点 p_{start}为根节点的搜索树，之后通过不断扩展产生叶节点来完成搜索。首先，建立以起始点 p_{start}为根节点的搜索树，以随机采样方式选取扩展方向点 p_{rand}，在现有搜索树中选取离 p_{rand}最近的叶节点 p_{near}，判断 p_{near}与 p_{rand}的距离，若不大于一个步长 ε，则将 p_{rand}作为新的节点 p_{new}；若距离大于一个步长，则向 p_{rand}延伸一个步长定义新的节点 p_{new}。然后，判断 p_{new}与 p_{near}的连线是否与障碍区域无碰撞，如无碰撞，则将 p_{new}作为新的叶节点连入树中；如有碰撞，则舍弃此 p_{new}，并重新选取 p_{rand}。采用上述方法进行不断扩展，当叶节点连接到目标点 p_{goal}或距离 p_{goal}在一个步长以内时，就认为随机树已完成了搜索，此时从距离目标点最近的叶节点开始，反向搜索寻找目标点到起始点的可行路径。RRT 算法随机树的生长过程如图 6-1 所示。

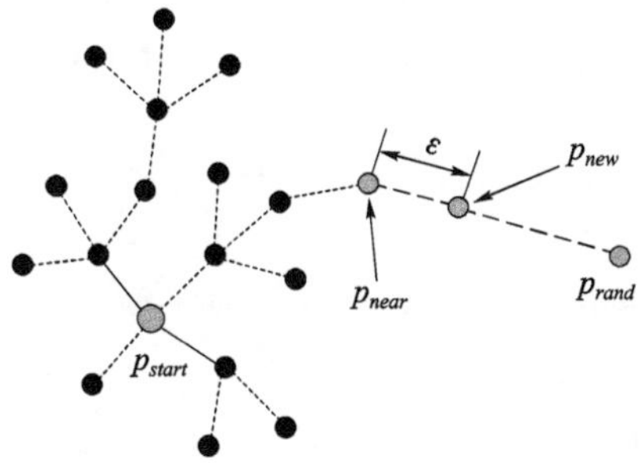

图 6-1　RRT 算法随机树的生长过程

RRT 算法流程：

（1）算法参数初始化。

（2）判断是否到达目标点 p_{goal}，若未到达则跳转至步骤（3），否则随机树搜索完成，跳转至步骤（5）。

（3）在任务空间中采样得到随机点 p_{rand}，搜索最近叶节点 p_{near}，并以步长计算新节点 p_{new}。

（4）判断 p_{new} 与 p_{near} 的连线与障碍区域是否有碰撞，若有则舍弃 p_{new} 并跳转至步骤（3），否则将 p_{new} 加入随机树，跳转至步骤（2）。

（5）反向搜索从目标点到起始点的可行路径。

在二维任务空间 C 中，采用 RRT 算法分别扩展 50 步、500 步、2 000 步的试验结果如图 6-2 所示。由图 6-2 可见，RRT 算法每次迭代均倾向于搜索任务空间的未知区域，随机树的主干部分会从空间中心迅速向四个顶点扩展，分支又会进一步探索剩余未知区域，最终遍布任务空间，这也是 RRT 算法快速性的主要原因。利用随机采样方式选取树节点，保证了任务空间中树节点的均匀分布特性，从而间接获得任务空间 C 的连通性，这也是算法具有概率完备性的直观理解。

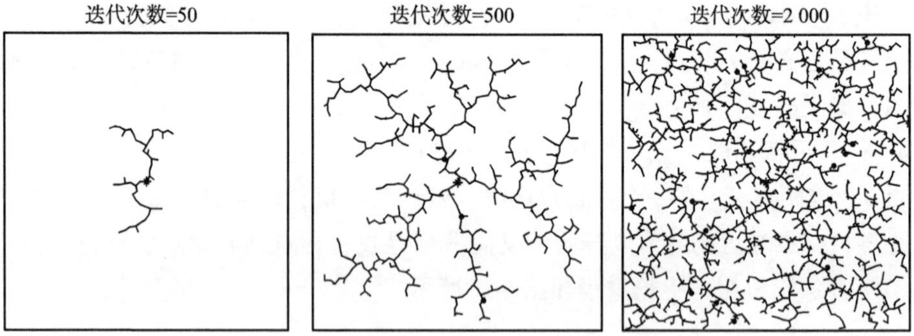

图 6-2　RRT 算法不同扩展次数随机树

6.2.2　问题分析

RRT 算法作为一种随机性规划方法，有效解决了确定性方法的复杂度问题。但传统 RRT 算法缺少对规划对象运动性能的约束，且由于其随机性大，导致规划结果优化不足。Lavalle 提出一种双树 RRT 算法，以起始点和目标点为根节点，同时双向生成随机树，提高了算法的搜索性能，但没有对规划结果进行进一步优化；Zucker 提出了基于动态域 RRT（Dynamic Domain RRT）的规划方法，提高了算法的规划效率和鲁棒性，但存在采样空间过度减约的问题；Lee 提出了基于采样点代价函数的改进 RRT 算法，通过计算采样点的代价函数确定其被保留的概率；Karaman 提出的 RRT* 算法通过计算根节点到新增采样点的最短路径进一步优化了规划结果；王维和钟建冬分别提出了自适应多树和星型试验多树 RRT 算法，与随机组合优化方法相结合，克服了“狭窄航道”下规划效率较低的问题；刘伟设计了基于飞行器机动性能和威胁规避条件，提出了快速平滑收敛 QS-RRT 算法，有效地提高了航迹规划效率；温乃峰在文献［155］的基础上通过引入代价模型，提出减约域分段构造方法，改善了采样空间过度减约的问题。针对 UPV 的飞行特点，本课题对常规 RRT 算法进行了改进，重点解决以下问题。

（1）规划过程中缺少对飞行器运动性能的约束以及对环境威胁程度的建模。未考虑飞行器运动性能约束时的规划航迹规划如图 6-3 所示，图中深色弧形区域为飞行器在 p_n 点的下一时刻飞行机动范围，但由于飞行器存在运动性能约束，无法按照规划航迹到达下一目标点 p_{n+1}。

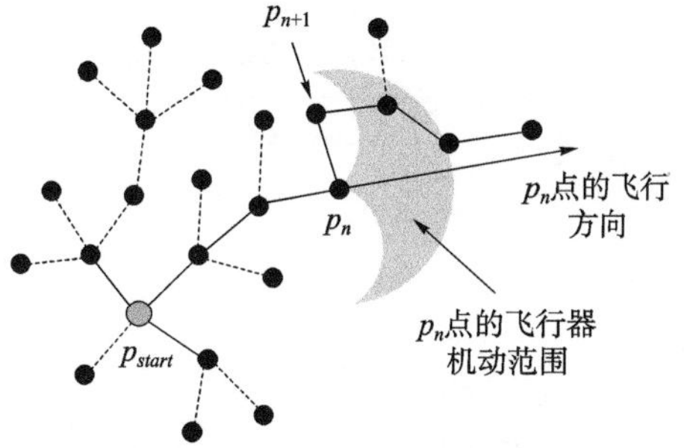

图 6-3　未考虑飞行器运动性能约束时的规划航迹

（2）规划过程中缺少对局部航迹和整体航迹的平滑优化策略。缺少对航迹的平滑性优化，容易使飞行器在飞行过程中频繁出现大机动转弯和改变飞行方向的现象，最终导致规划航迹可跟踪性差。现有改进算法主要针对局部航迹进行优化，缺少对整体航迹的平滑处理，且嵌入的优化算法增加了整体计算的复杂度。

（3）规划过程中的常规收敛算法容易降低搜索效率。常规 RRT 算法的均匀随机扩展方式，在提高算法快速性和可达性的同时，容易在规划过程中产生绕行路线和冗余航迹，增加整体飞行距离。一些收敛性优化算法虽然可以减少冗余航迹，优化飞行路线，但在一定程度上降低了算法整体的搜索效率。

6.3 基于 TH-RRT 的航迹规划算法

针对 6.2 节中所述常规 RRT 算法的不足，首先，根据 UPV 的运动学特性，对运动性能和环境威胁进行建模，给出了参数化形式下的飞行机动性能约束和威胁障碍规避约束；其次，构建了基于 HT-RRT 算法的航迹规划方法；最后，从概率完备性和优化结果两方面对所提算法性能进行了分析。

6.3.1 系统质点模型

针对 UPV 巡航侦察和回收着陆的任务需求，将 UPV 视为一个包含状态信息的质点，建立质点运动模型：

$$\begin{cases} \dot{X} = v\cos\Delta\psi \\ \dot{Y} = v\sin\Delta\psi \\ \Delta\dot{\psi} = u \\ \dot{H} = v_D \end{cases} \tag{6-1}$$

式中，(X,Y,H) 分别为飞行器在大地坐标系下的三轴坐标；v 为翼伞水平飞行速度；$\Delta\psi$ 为翼伞转弯角度；u 为控制输入量（翼伞尾沿下偏量）；v_D 为翼伞垂直方向速度。

设 $s(t_i)\in S$ 为系统在 t 时刻的状态，且 $S\in\mathbf{R}^{n_s}$ 为系统的状态集合，$u(t_i)\in U$ 为系统在 t 时刻的控制输入，且 $U\in\mathbf{R}^{n_u}$ 为系统的控制输入集合。在此条件下，系统的状态模型可以表示为离散时间系统下的离散形式：

$$\begin{cases} s(t_{i+1})=f(s(t_i),u(t_i)) \\ \text{s. t. } s(t_0)=s_{start}, s(t_N)=s_{goal} \end{cases} \tag{6-2}$$

式中，$s(t_i)$ 所包含的状态信息有空间位置信息 $x_i(X,Y,H)$ 和飞行方向 ψ_i。通过控制输入 $u(t_i)$，使系统状态由 $s(t_i)$ 转移至 $s(t_{i+1})$。$s(t_0)$ 为起始状态，$s(t_N)$ 为目标状态，N 为规划航迹上的航迹点总数。在算法初始化时，s_{start} 和 s_{goal} 的位置信息分别对应起始点 p_{start} 和目标点 p_{goal}。另设任务空间为 C，C_{free} 为安全可行区域，C_{obs} 为威胁障碍区域，U_{free} 为 UPV 可行控制集合，则规划过程还需满足：

$$\begin{cases} s(t_i) \in C_{free}, i=1,2,\cdots,N-1 \\ u(t_i) \in U_{free}, i=1,2,\cdots,N-1 \end{cases} \tag{6-3}$$

考虑系统运动模型，基于RRT算法的UPV航迹规划过程可以进一步概括为：给定系统起始状态 $s(t_0)$ 和目标状态 $s(t_N)$，以 $s(t_0)$ 为搜索树根节点，采用随机采样方式不断扩展生成叶节点 $s(t_i)$，并通过系统运动性能约束条件下的有效控制输入 $u(t_i)$，使状态 $s(t_i)$ 转移至 $s(t_{i+1})$，当叶节点到达目标点或到达目标区域时，搜索结束。搜索过程中生成的叶节点必须满足威胁规避要求。

由上述规划过程可知，所规划的航迹必须时刻保持在安全可行区域内，且状态转移的控制输入还必须满足系统的运动性能约束，因此，有必要对飞行器的运动性能和环境中的威胁障碍进行建模。

6.3.2　运动性能约束

根据第2章研究的UPV动力学模型与飞行特性，在航迹规划中对系统的运动性能进行约束。一方面，可以在节省燃料的同时保证系统飞行性能的最大化，避免大范围机动飞行；另一方面，提高了规划航迹的实际可操作性和可跟踪性。

这里仅考虑UPV的航向角机动约束，设 $\Delta\psi_{\max}$（$\Delta\psi_{\max} \in \mathbf{R}^+$）为规划步长内的最大转弯角度，则UPV的运动性能约束可以表示为

$$\forall i=0,1,\cdots,N-1, \Delta\psi = |\psi_{i+1}-\psi_i| \leqslant \Delta\psi_{\max} \tag{6-4}$$

在节点扩展过程中，规划航迹必须满足式（6-4）的运动性能约束，从而使控制输入具有有效性和可操作性。

进一步，系统由状态 $s(t_i)$ 转移至 $s(t_{i+1})$ 的实际飞行距离可以表示为

$$\forall i=0,1,\cdots,N-1, D_{i,i+1} = \| p_{i+1}-p_i \| \tag{6-5}$$

6.3.3　威胁规避

UPV在执行任务过程中面临的威胁形式主要有三种：一是敌情威胁，主要是指地面雷达探测和防空武器的火力打击，如高射炮、防空导弹等；二是地形威胁，主要是指山地和峡谷等非平缓复杂地形；三是电磁环境威胁，主要是指敌对电磁干扰对翼伞通信链路的影响。针对UPV的任务环境和需求，本书重点研究敌情威胁和地形威胁对系统的影响。

1）敌情威胁建模

采用概率威胁法对 UPV 任务空间中任意位置的敌情威胁进行量化描述。设任务空间 C 中存在 M 个威胁源，则系统在状态 s 时的受威胁概率 $P(s)$ 可以表示为

$$P(s) = 1 - \prod_{k=1}^{M}[1 - P_k(s)] \tag{6-6}$$

式中，$P_k(s)$ 表示第 k 个威胁源对 UPV 的威胁概率：

$$P_k(s) = [1 - \mathrm{Obs}(d_k, R, j_1)] \cdot \mathrm{Obs}(d_k, 0.1R, j_2) \cdot \mathrm{Obs}\left(\arcsin\frac{H}{d_k}, \xi, j_3\right) \tag{6-7}$$

式中，d_k 为翼伞到第 k 个威胁源的距离；R 为威胁源的威胁半径；ξ 为威胁源覆盖角；Obs 函数为

$$\mathrm{Obs}(a_1, a_2, j_i) = \frac{1}{2}\left[1 + (a_1 - a_2)/\sqrt{j_i^2 + (a_1 - a_2)^2}\right] \tag{6-8}$$

式中，j_i（$i=1,2,3$）为函数可调系数。

综上，在任务空间 C 中，UPV 始终位于安全可行区域 C_{free} 中。威胁障碍规避条件可以表述为

$$C_{free} = \left\{ s \,\middle|\, 1 - \prod_{k=1}^{M}[1 - P_k(s)] < \rho \right\} \tag{6-9}$$

2）地形威胁建模

UPV 在执行紧急救灾、敌后空投等任务时，通常很难找到宽阔、平缓的空投/着陆场地。因此，如何在山地等复杂地形条件下，实现 UPV 的快速精准着陆，对航迹规划和导航策略提出了更高的要求。

在归航着陆阶段进行航迹规划时，重点考虑地形威胁，即与山体等障碍物的规避问题，将此类威胁的模型描述为

$$F(X,Y) = F_0(X,Y) + \sum_{i=1}^{M} F_i \exp\left[-\left(\frac{X - X_{0i}}{X_{\lambda i}}\right)^2 - \left(\frac{Y - Y_{0i}}{Y_{\lambda i}}\right)^2\right] \tag{6-10}$$

式中，$F_0(X,Y)$ 为基准地形高度；F_i 为第 i 个山峰的相对高度；(X_{0i}, Y_{0i}) 为第 i 个山峰的峰顶坐标；$(X_{\lambda i}, Y_{\lambda i})$ 为第 i 个山峰沿 X 轴和 Y 轴方向的坡度。

根据上述方法分别建立 UPV 定高巡航飞行时的敌情威胁场景和归航着陆时的地形威胁场景，如图 6-4 所示。

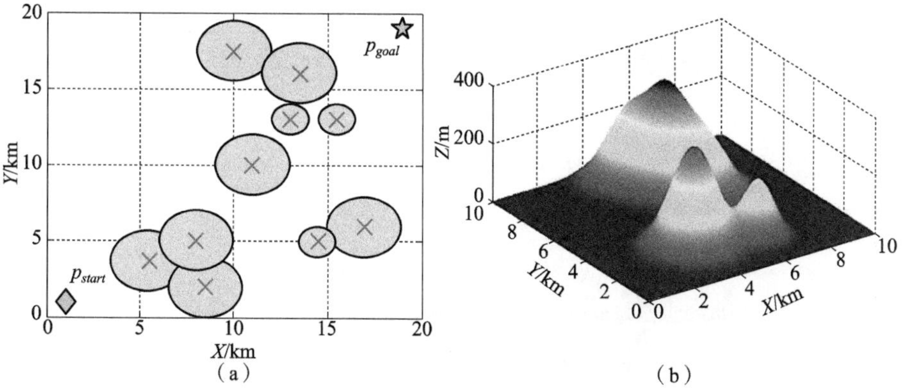

图 6-4　典型威胁场景

(a) 敌情威胁场景；(b) 地形威胁场景

6.3.4　基于 TH-RRT 算法的航迹规划方法

首先，在搜索的不同阶段引入面向目标的启发式搜索策略，构建 TH-RRT 方法，在满足 UPV 运动性能约束和威胁规避条件的基础上，提高算法的收敛速度；其次，进一步融入面向可跟踪性的航迹平滑优化策略，提出基于 TH-RRT 算法的 UPV 快速航迹规划算法。

为了便于对比，首先根据 RRT 算法的基本原理，给出基于常规 RRT 航迹规划方法的伪代码，如表 6-1 所示。对起始状态 $s(t_0)$、目标状态 $s(t_N)$ 和威胁障碍 Obs(M) 进行初始化，由 RRT_Tree（p_{start}）将起始点 p_{start} 作为随机树的根节点。利用 Random_Node(C) 函数在 C 中选取随机点 p_{rand}，通过 Nearest_Node(p_{rand},Tree) 在随机树中寻找与 p_{rand} 距离最近的叶节点 p_{near}。根据 New_Input(p_{rand},p_{near})、New_Node(u_{new}) 和规划步长确定控制量 u_{new} 和新节点 p_{new}，利用 Obstacle_Cheak(p_{new},Obs) 判断新节点是否满足威胁规避条件，若满足，则将 p_{new} 加入随机树中，进一步判断是否达到目标 p_{goal}，若达到，则搜索成功，执行 TracePath(Tree)，反向搜索可行航迹。

表 6-1　基于常规 RRT 航迹规划方法的伪代码

Algonthm 1：UPV Traditional_RRT：Execution()
1：**Init** $s(t_0)$ $s(t_N)$ Obs(M)；
2：Tree←RRT_Tree(p_{start})；

续表

```
while (! ReachGoal)
    p_rand ← Random_Node(C);
    p_near ← Nearest_Node(p_rand, Tree);
    u_new ← New_Input(p_rand, p_near);
    p_new ← New_Node(u_new);
    if (Obstacle_Cheak(p_new, Obs)) then
        ConnectNode(Tree, p_new);
        if Goal(p_new, p_goal) then
            Path ← TracePath(Tree);
            ReachGoal = true;
return Path;
```

由上述流程可以看出，常规 RRT 算法没有考虑飞行器的运动性能约束，且均匀随机的采样策略容易导致规划航迹欠优化，在实际中难以实现。本节在常规 RRT 算法中引入启发式搜索和优化策略，提出 TH-RRT 快速优化算法。

6.3.4.1 面向目标的启发式采样策略

常规 RRT 算法在搜索时利用 Random_Node(C) 随机采样方式得到 p_{rand}，这样虽然有利于探索任务空间的未知区域，保证了树节点的均匀分布性和目标节点的可达性，避免算法陷入局部最小，但其方向的随机性导致算法收敛速度变慢。采用启发式采样策略，即采样时以概率 $\tau_1(0\leqslant\tau_1<1)$ 将目标点作为随机点：$P(p_{rand}=p_{goal})=\tau_1$，增强随机树向目标点生长的趋势，不仅使搜索更具有指向性，而且有利于快速搜索至目标点，提高算法的收敛速度。

6.3.4.2 新节点启发式扩展策略

在选取新节点时，采用启发式扩展策略，即以概率 $\tau_2(0\leqslant\tau_2<1)$ 将所选新节点中 UPV 的飞行方向设定为目标点方向，以 $\gamma_i\in(-\pi,\pi]$ 表示节点 p_i 的飞行方向 ψ_i 与 p_i 到 p_{goal} 连线的夹角，则此时 $P(|\gamma_{i+1}|<|\gamma_i|)=\tau_2$。这一策略可以使 UPV 在各节点之间飞行时不断向目标点转向，优化新节点的扩展过程。当 τ_2 不断增大或 $\tau_2\to1$ 时，转向趋势越发明显。

6.3.4.3　航迹平滑度优化策略

1）局部优化

在加入双层启发式机会因子 τ_1、τ_2 的基础上，进一步考虑飞行器的操控性能，加入转弯幅度可调因子 $\sigma(0<\sigma\leqslant 1)$，将相邻节点间飞行方向的变化幅度限制在更小的可调范围内，即 $\Delta\psi' = \sigma\Delta\psi_{\max}$，充分发挥飞行器的性能，增强飞行航迹的局部平滑度和可跟踪性，当 $\sigma\to 0$ 时，航迹趋于光滑。另外，当 $\tau_1=\tau_2=1$ 且 $\sigma=1$ 时，算法策略等同于常规 RRT 算法。

2）全局优化

常规 RRT 算法在进行节点搜索和决策时，受到规划步长的限制，没有考虑到实际飞行中目标点的直接可达性。针对这一问题，在 Nearest_Node(p_{rand},Tree）得到 p_{near} 后，加入判断函数 GotoTarget(p_{near})，判断 p_{near} 与 p_{goal} 之间是否有威胁障碍，若有则按常规算法扩展新节点，若没有则在飞行器运动性能约束下，直接将 p_{goal} 选为 p_{new}，此时便可以直接到达目标点，完成规划，从而减少规划时间，达到航迹的全局优化。

采用上述改进策略，对常规 RRT 算法的收敛速度、航迹距离和航迹平滑度同时进行优化，将其扩展为 TH-RRT 算法。下面给出在任务空间中威胁障碍信息已知的条件下，基于 TH-RRT 算法的 UPV 航迹规划流程，如表 6-2～表 6-4 所示。

表 6-2　基于 TH-RRT 算法的航迹规划方法

Algonthm 2：UPV TH_RRT：Execution()

```
Init s(t_0) s(t_N) Obs(M);
Tree←RRT_Tree(p_start);
while (! ReachGoal)
    [u_new, p_new]←Tree_Growth();
    if (Obs_TH_Cheak(p_new, L_near,new, Obs)&&0) then
        ConnectNode(Tree, p_new, L_near,new);
        if Goal(p_new, p_goal) then
            Path←TracePath(Tree);
            ReachGoal =true;
return Path;
```

表 6-3　TH-RRT 算法的随机树生长

Algonthm 2：UPV TH_RRT：Tree_Growth( )
1： **if**（Random>1-τ_1）**then**
2：　　　$p_{rand}=p_{goal}$；
3：　　　p_{near}←Nearest_Node(p_{rand},Tree)；
4：　　　GotoTarget(p_{near})；
5：　**else**
6：　　　p_{rand}←Random_Node(C)；
7：　　　p_{near}←Nearest_Node(p_{rand},Tree)；
8：　　　**if**（Random>1-τ_2）**then**
9：　　　　u_{new}←New_TH_Input(p_{rand},p_{near},$\Delta\psi$)；
10：　　　p_{new}←New_TH_Node(u_{new})；
11：　　**else**
12：　　　u_{new}←New_Input(p_{rand},p_{near})；
13：　　　p_{new}←New_Node(u_{new})；

表 6-4　TH-RRT 算法全局优化函数

Algonthm 2：UPV TH_RRT：GotoTarget(p_{near})
1：　**if**（! GetGoal?）**then**
2：　　　u_{new}←New_TH_Input(p_{rand},p_{near},$\Delta\psi$)；
3：　　　$p_{new}=p_{goal}$；
4：　　　Path←TracePath(Tree)；
5：　　　**return** Path；

定义初始状态 $s(t_0)$、目标状态 $s(t_N)$ 和威胁信息 Obs(M)，并对随机树进行初始化 RRT_Tree(p_{start})。利用 TH-RRT 算法的扩展函数 Tree_Growth 计算控制输入 u_{new} 与新节点 p_{new}，采用 Obs_TH_Cheak(p_{new},$L_{near,new}$,Obs)判断新节点及节点间航迹的安全性，Input_Cheak(u_{new},ω_{max})判断运动性能约束下的可执行性。若判断结果满足要求，则将 p_{new} 与 $L_{near,new}$ 加入随机树中，进一步判断 p_{new} 与目标点 p_{goal} 的位置关系 Goal(p_{new},p_{goal})，达到目标时，TH-

RRT 算法扩展过程完成，执行 TracePath(Tree)，反向搜索可行航迹。

6.3.5　性能分析

在上一小节中，针对常规 RRT 算法存在的问题，在运动约束、威胁规避和航迹优化等方面对其进行扩展和改进，提出了基于 TH-RRT 算法的 UPV 航迹规划方法。下面分别从算法的优化性能和概率完备性方面对 TH-RRT 算法进行性能分析。

6.3.5.1　算法的优化性能

TH-RRT 算法在满足飞行器运动性能约束和威胁规避条件的基础上，通过 RRT 算法的不同阶段引入相应的优化策略来提高算法的搜索效率，改善航迹规划性能。

在算法的节点扩展过程中，引入面向目标的双层启发式机会因子 τ_1、τ_2，从采样点优化和飞行状态（飞行方向信息）约束两个方面，对算法的随机性进行了弱化，使随机树的生长过程向目标点趋近，加快了算法的收敛速度。除此之外，$1-\tau_1$ 和 $1-\tau_2$ 的随机扩展概率设定，在充分发挥算法性能优势的同时，保证了搜索过程的概率完备性。特别地，将启发式策略与目标的直达性判断相结合，能够在很大程度上提高算法的搜索效率，减少规划时间，这一思路符合实际应用的要求。

在对航迹的优化过程中，引入全局和局部优化策略，在考虑运动性能约束的基础上，加入目标直达性判断并对相邻节点间的控制输入（飞行航向变化率）进行限制，实现了对整体航迹距离和航迹局部平滑度的优化。应注意到，这些优化策略能够提高航迹平滑度和可跟踪性，但同时也增加了算法的复杂度，其中针对飞行安全性的威胁规避条件，除了对新节点进行威胁判断外，还增加了对节点间路径的威胁概率计算，这一策略增加了算法的计算量。

设由状态 $s(t_0)$ 到状态 $s(t_N)$ 的飞行航迹为 $L_{i,i+1}$，对航迹段的采样频率为 $f_i(f_i \in \mathbf{N}^+)$，则威胁概率计算量可以表示为

$$E = \sum_{i=0}^{N-1} \sum_{j=1}^{f_i} P\left(s\left(t_i + \frac{t_{i+1} - t_i}{f_i}\right)\right) \tag{6-11}$$

6.3.5.2　算法的概率完备性

RRT 算法本质是一种倾向于搜索最大 Voronoi 区域的 Monte-Carlo 方法，其待扩展节点的选取概率收敛于均匀分布，能够快速搜索空间未知区域，

算法具有概率完备性和较强的运动规划能力。本书所引入的搜索和优化策略影响了算法的分布属性，下面从理论上对 TH-RRT 算法的概率完备性进行证明。

假设 $D_k(p_*)$ 为位置 p_* 与 RRT 算法随机树上最近节点距离的随机变量，d_k 为 $D_k(p_*)$ 的取值，k 为节点数，ε 为扩展规划步长。

定理 在含有威胁障碍的 n 维有界任务空间 C 中，起始点 p_0 和目标点 p_t 位于同一个连通区域内，当 TH-RRT 算法随机树节点数趋于无穷时，扩展节点 p_i 等价于 p_t 的概率为 1，即$\lim\limits_{i\to\infty}P[d_i(p_t)<\varepsilon \mid s(t_i)\in C_{free}\cap u(t_i)\in U_{free}]=1$。

证明 首先证明 TH-RRT 算法的航迹优化方法不影响算法的概率完备性。

设 p_* 为 n 维有界连通安全子空间 C_{free} 中的任意一点，p_0 为随机树的起始点，令 $B(p_*)$ 为以 p_* 为中心，扩展步长 ε 为半径的圆球，即

$$B(p_*)=\{p \mid \|p-p_*\|<\varepsilon\} \tag{6-12}$$

取 $B'(p_*)$ 为 $B(p_*)$ 和 C_{free} 的交集，即 $B'(p_*)=B(p_*)\cap C_{free}$，$\mu$ 为集合测度，则 $\mu(B'(p_*))>0$。

初始状态 $i=1$ 时，$d_1(p_*)=\rho(p_0,p_*)$，其中 $\rho(p_0,p_*)$ 为 p_* 与起始点的距离，随着随机树的扩展，随机节点 p_{rand} 位于 $B'(p_*)$ 内的概率为

$$P[p_{rand}\in B'(p_*)]>0 \tag{6-13}$$

假设 TH-RRT 算法所有的节点位于 $B'(p_*)$ 外部，算法进一步扩展。当选择 $p_{rand}=p_*$ 时，根据 p_{new} 的扩展原理，可知 $D_{k+1}(p_*)$ 的期望 $E[D_{k+1}(p_*) \mid p_{rand}=p_*]<E[D_k(p_*)]$；当 $p_{rand}\neq p_*$ 时，有 $E[D_{k+1}(p_*) \mid p_{rand}\neq p_*]\leqslant E[D_k(p_*)]$，进一步可得到

$$\begin{aligned}E[D_{k+1}(p_*)]=&E[q_r\cdot(D_{k+1}(p_*) \mid p_{rand}=p_*)+\\&(1-q_r)\cdot(D_{k+1}(p_*) \mid p_{rand}\neq p_*)]<\\&E[D_k(p_*)]\end{aligned} \tag{6-14}$$

式中，$0<q_r<1$。可进一步总结为存在任意正实数 $b>0$，使 D_{k+1} 的数学期望：

$$E(D_{k+1})<E(D_k)-b \tag{6-15}$$

由上述理论推导可以得出，TH-RRT 算法的扩展过程将逐渐缩短 p_* 与随机树节点的距离，当且仅当随机树节点数趋于无穷时，TH-RRT 算法随机树节点位于 $B'(p_*)$ 内的概率等于 1，即

$$\lim_{i\to\infty}P[d_k(p_t)<\varepsilon \mid s(t_i)\in C_{free}\cap u(t_i)\in U_{free}]=1 \tag{6-16}$$

也就是说，TH-RRT 算法的航迹优化方法只是改变了安全可行区域 C_{free}

和有效控制输入 U_{free} 的大小，并没有改变原有算法有界连通性的假设以及采样的随机性。

针对 TH-RRT 算法引入的双层启发式扩展策略，设 X 和 X_i 分别表示 RRT 和 TH-RRT 的节点分布概率密度函数，下面对其概率收敛性进行证明。

设 p_0 和 p_* 处于同一连通域内，则在这一连通域内存在一个节点序列 $p_1,p_2,\cdots,p_n$，以及相应的圆球 $B(p_1),B(p_2),\cdots,B(p_n)$，满足 $p_0\in B(p_1)$ 和 $p_*\in B(p_n)$，且

$$B_i(p_i)\cap B_{i+1}(p_{i+1})\neq\varnothing,\quad i=1,2,\cdots,n-1 \tag{6-17}$$

取 $C_i=B_i\cap B_{i+1}$，对 $B(p_i)$ 的构造，可使得 C_i 为开集，且满足 $\mu(C_i)>0$。

每个 $B(p_i)$ 均为 n 维有界开集，对于任意 $p_i\in C_i$，满足 $\lim\limits_{k_i\to\infty}P[d_{k_i}(p_i)<\varepsilon]=1$，这表明算法的节点可以依次从 $B(p_1)$ 扩展至其他圆球，并且最终落入 $B(p_n)$，始终可以找到一条由 p_0 到 p_* 的路径，取 $k=\sum\limits_{i=1}^{n}k_i$，则有

$$\lim_{k\to\infty}P[d_k(p_i)<\varepsilon]=1 \tag{6-18}$$

设 $Y_i=\{p_*\in C_{free}\mid\rho(p_*,h)>\varepsilon,\forall\zeta\in H_i\}$ 为第 i 次扩展时 C_{free} 中未被 TH-RRT 算法探索到的区域，$\rho(p_*,h)$ 为 p_* 与随机树节点 h 的距离，H_i 为此时的节点集合，$\mu(Y_i)$ 为 Y_i 的测度，且有 $Y_{i+1}\subseteq Y_i$，当 $i\to\infty$ 时，$\mu(Y_i)\to 0$。TH-RRT 算法中引入的双侧启发式扩展策略，保证了 $1-\tau_1$ 的采样点的随机概率，以及 $1-\tau_2$ 的新节点飞行方向随机概率，根据概率函数的光滑性，可知 X_i 概率收敛于 X。

由以上证明过程可以得出，TH-RRT 算法的航迹优化策略在 C_{free} 和 U_{free} 约束下，不会改变原算法关于概率性的基本假设，保证了所提算法的概率完备性；TH-RRT 算法引入的双层启发式扩展策略，可以在扩展节点趋于无穷时，保证所提算法节点分布服从于随机节点采样分布。

6.4 仿真试验分析

应用 6.3 节中提出的基于 TH-RRT 的 UPV 航迹规划方法，对不同任务下的 UPV 航迹规划问题进行研究。首先，将算法应用于包含敌情威胁的定高巡航飞行二维条件下的航迹规划中，并与常规 RRT 算法进行对比，验证算法的有效性；其次，对包含地形威胁的 UPV 归航过程进行航迹规划，进一步验证了算法在三维条件下的规划能力。

6.4.1 二维空间航迹规划

指定空域的定高巡航侦察是 UPV 的主要作战任务之一，任务过程中 UPV 所面临的威胁主要来自地面的雷达探测、防空火力打击等敌情威胁。

将敌情威胁等效为特定高度的覆盖区域，在二维空间内，分别进行随机威胁和固定威胁两种威胁强度下的航迹规划仿真试验，通过与常规 RRT 算法的性能对比，验证所提方法的有效性。

考虑到算法执行过程中具有随机性，导致规划结果各不相同，在每次试验中均对算法进行 30 次仿真，利用各项规划结果的样本空间平均值进行对比分析。仿真试验参数设置如表 6-5 所示。试验中除特殊说明外，均采用该参数设置。

表 6-5　仿真试验参数设置

主要参数	取值
p_{start}	(1,1)
p_{goal}	(19,19)
C	20 km×20 km
ρ	0.1
$\Delta\psi_{\max}$	π/15 rad
v	10 m/s
ε	30 s
τ_1	0.5
τ_2	0.5
σ	1

6.4.1.1 随机威胁航迹规划

图 6-5 所示为任务空间中存在 150 个随机威胁障碍时，本书所提 TH-RRT 算法与常规 RRT 算法从起始点到目标点航迹规划的试验结果，其中深色填充区域为随机威胁障碍。由图 6-5（a）可以看出，常规 RRT 算法未考虑 UPV 的运动性能约束，规划航迹较为曲折且包含频繁转向等大机动动作，实际飞行时跟踪控制难度大，在某些区域甚至已经超出 UPV 的机动能力，导致无法完成跟踪。图 6-5（b）所示为采用 TH-RRT 算法时的试验结果，由图可见，算法充分考虑了 UPV 的运动性能和控制输入约束，避免了不必

要的转向，引入的优化策略，使航迹点间光滑连接，提高了整体和局部航迹的平滑度和可跟踪性，适用于 UPV 的实际飞行。

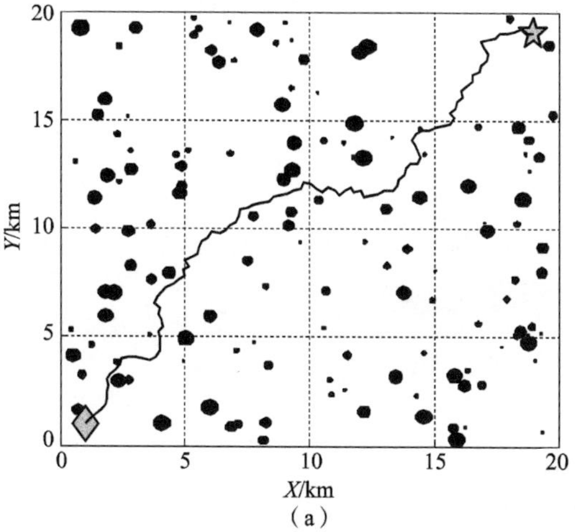

（a）

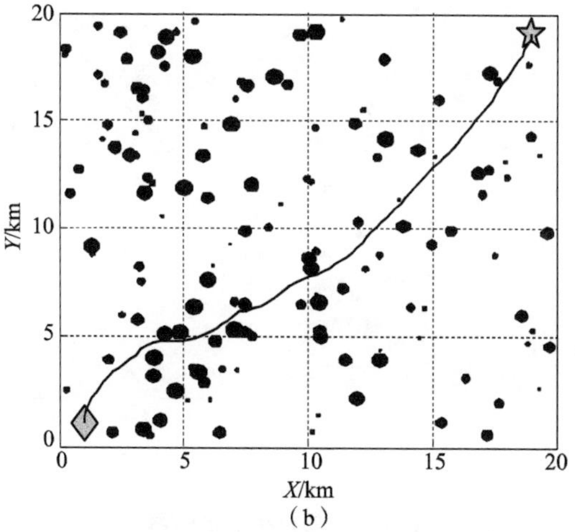

（b）

图 6-5　随机威胁任务环境的航迹规划

（a）常规 RRT 算法；（b）TH-RRT 算法

图 6-6 所示为两种算法的随机树扩展过程，由图中可以看出常规 RRT 算法的均匀随机采样策略使随机树的节点遍布于整个任务空间，呈随机均匀一致分布，这也进一步证明了 RRT 算法对未探索区域具有强烈的搜索倾向。这一特点虽然可以避免搜索陷入局部最小，但会导致产生冗余节点，降低规划效率。相反，TH-RRT 算法引入的双层启发式搜索策略，在避免搜索陷入局部最小的同时，保证了随机树的扩展过程不断向目标点趋近，航

迹距离和平滑度进一步得到优化，算法同时具有概率的完备性。

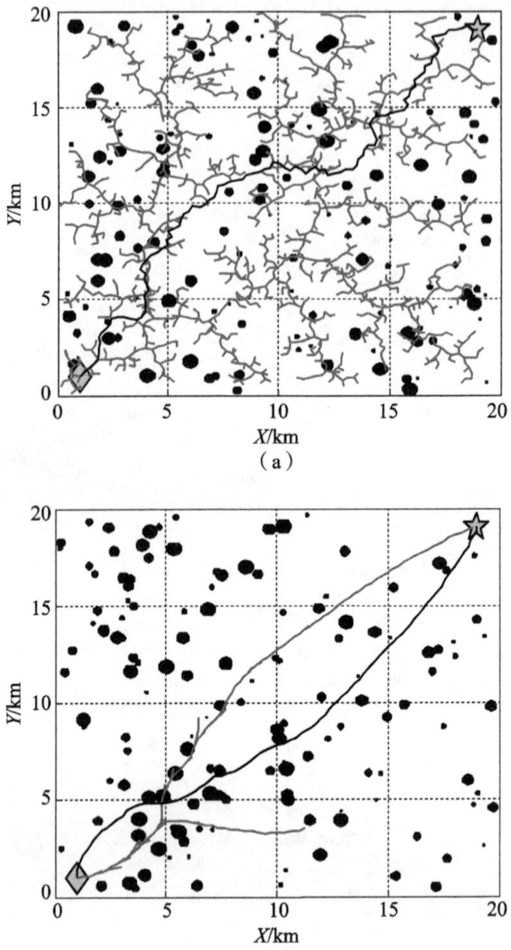

图 6-6　随机树扩展过程

（a）常规 RRT 算法；（b）TH-RRT 算法

针对上述含 150 个随机威胁障碍的任务环境，分别采用 RRT 和 TH-RRT 两种航迹规划算法进行 30 次仿真试验，取规划时间、节点总数、航迹距离的平均值进行比较，统计结果如表 6-6 所示。统计数据表明，与 RRT 算法相比，TH-RRT 算法的启发式搜索策略使随机树的生长具有面向目标点的方向性，并最终通过减少节点数量显著降低规划时间。基于 TH-RRT 算法的航迹规划距离略小于 RRT 算法，但相差不大，这是由所设任务环境对规划航迹整体曲折性较小所引起的，当任务环境趋于复杂时，算法在此方面的优势将进一步体现。

表 6-6　算法性能对比

算法	规划时间/s			节点数量			航迹规划距离/km		
	Mean	Max	Min	Mean	Max	Min	Mean	Max	Min
RRT	15.44	36.57	9.10	1 499.3	2 112	897	31.8	33.9	30.9
TH-RRT	2.51	4.11	1.22	172.7	242	105	25.8	27.7	24.8

6.4.1.2　固定威胁航迹规划

在对随机威胁环境的仿真试验中，TH-RRT 体现出了较 RRT 更好的规划性能，在规划时间、航迹距离以及航迹平滑度方面具有较大改进。但在 UPV 的实际飞行任务中，威胁通常表现为雷达扫射区域、防空火力范围等形式，与建立的随机威胁环境有一定差别。因此，需要构建更符合实际战场环境的任务空间，对算法的性能做进一步验证。

针对上述问题，将威胁统一等效为特定高度的覆盖面积，构建具有一定数量的固定威胁任务环境，分别采用两种算法进行航迹规划的仿真试验，对所提算法性能进行验证。图 6-7 所示为任务空间中包含 10 个固定威胁时，RRT 算法与 TH-RRT 算法航迹规划的试验结果，其中深色填充区域表示固定威胁障碍，从图中可以看出，从起始点到目标点的运动方向上设置有两个威胁陷阱。试验结果表明，RRT 算法与 TH-RRT 算法均能通过一定数量的树节点搜索绕开陷阱，到达目标点。但从搜索树的扩展过程可以看出，RRT 算法需要在搜索树节点遍历整个任务空间后，才能找到安全可行

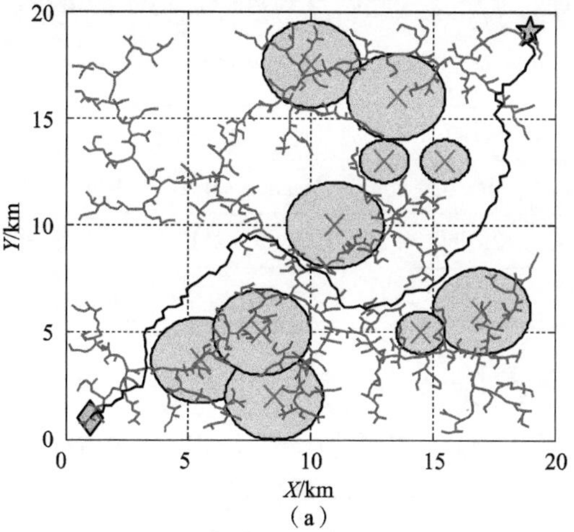

(a)

图 6-7　固定威胁任务环境的航迹规划

(a) 常规 RRT 算法

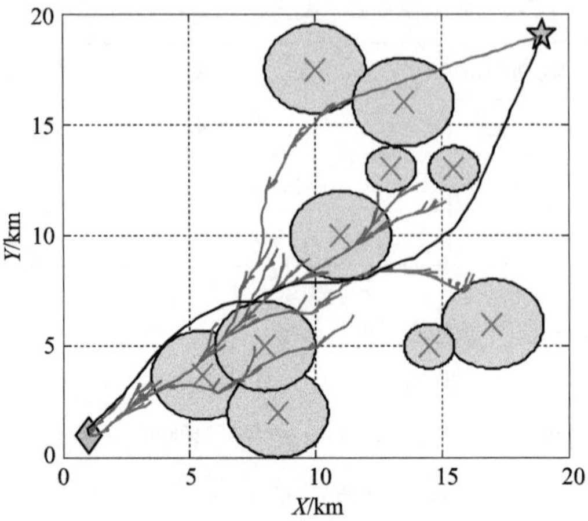

(b)

图 6-7 固定威胁任务环境的航迹规划（续）

(b) TH-RRT 算法

的航迹，而 TH-RRT 算法搜索树的生长始终朝向目标点，且新节点的飞行方向指向目标点，减少了对未知区域不必要的搜索，提高了规划效率，航迹更加平滑有效。

表 6-7 给出了两种算法具体的性能比较。统计数据表明，TH-RRT 算法能够有效减少规划时间，缩短航迹规划距离，相比 RRT 算法，分别减少了 65%和 20%。启发式扩展策略和航迹优化策略，能够保证算法不陷入局部最小的同时，快速有效地获得从起始点到目标点的光滑可行航迹。

表 6-7 算法性能对比

算法	规划时间/s			节点数量			航迹规划距离/km		
	Mean	Max	Min	Mean	Max	Min	Mean	Max	Min
RRT	8. 24	12. 53	6. 21	1 263. 5	2112	897	36. 8	37. 5	34. 2
TH-RRT	2. 86	4. 32	2. 11	505. 7	635	521	29. 5	32. 3	27. 9

6. 4. 1. 3 算法参数研究

与常规 RRT 算法相比，本章所提 TH-RRT 算法通过引入参数化的启发式扩展策略和航迹优化策略对 RRT 算法进行扩充，达到提高规划效率，优化飞行航迹的目的。这些策略主要包括随机点采样策略 τ_1、飞行方向改善策略 τ_2 和平滑优化策略 σ。通常情况下，参数选择越大，优化效果越好，但参数过大又会降低算法的规划效率。因此，参数的最优性直接影响算法优化效果与计算效率的平衡。本节在仿真试验的基础上，对 TH-RRT 算法的参数特性进行研究，为算法的参数选择提供指导依据。

1）τ_1 值的影响

在随机点采样策略中，以 $\tau_1(0\leqslant\tau_1<1)$ 的概率将目标点选为随机点。图 6-8 给出了 $\tau_1=0.5$ 和 $\tau_1=0.8$ 时 TH-RRT 算法的试验结果。进一步地，在 $[0,1)$ 范围内，以 0.1 为间隔对 τ_1 取值，进行仿真试验，记录每个 τ_1 值的 50 次试验数据，并对规划时间、航迹规划距离等指标取平均值。统计数据结果如图 6-9 所示。

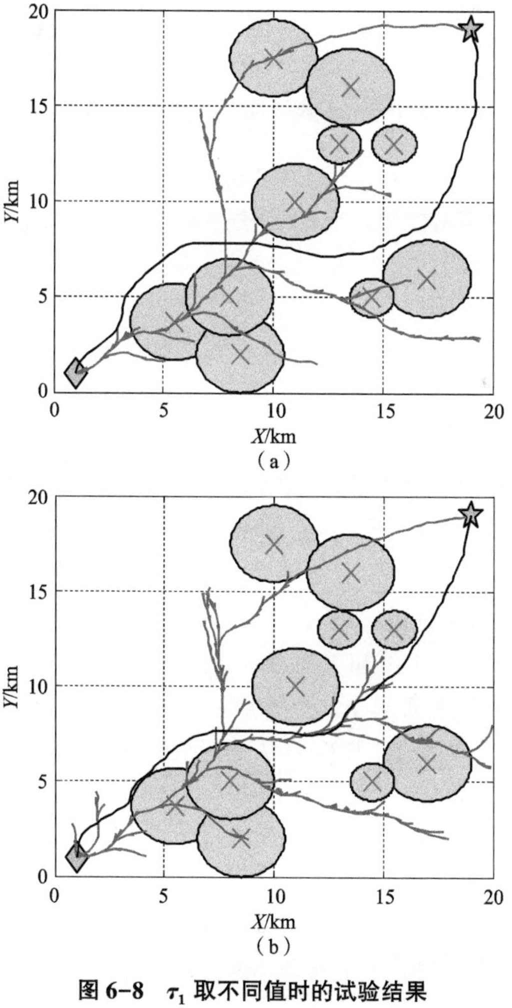

图 6-8　τ_1 取不同值时的试验结果

（a）$\tau_1=0.5$；（b）$\tau_1=0.8$

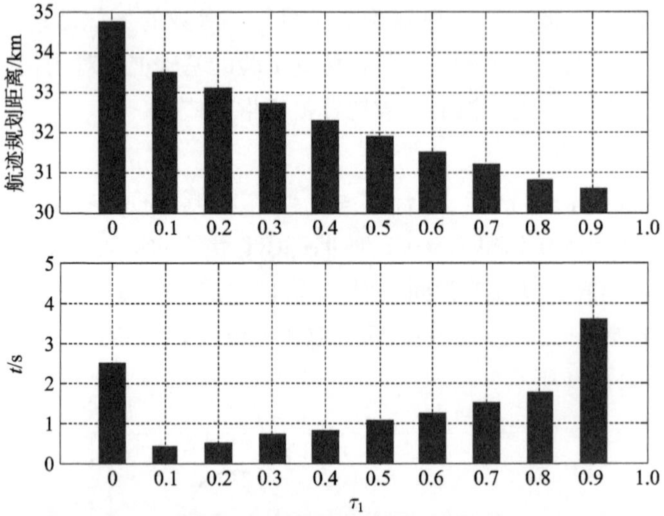

图 6-9　τ_1 取不同值时的试验性能

由图 6-8、图 6-9 可知，当 $\tau_1=0$ 时（等价于常规 RRT 算法），规划时间较长，航迹规划距离较长；当 $0<\tau_1<0.5$ 时，规划时间较短，且随 τ_1 值的增大变化不明显；当 $\tau_1>0.7$ 时，虽然进一步缩短了航迹规划距离，但规划时间明显变长，这表明，当以较大概率选择目标点作为随机点时，容易使随机点的选取出现单一化，降低算法搜索未知区域的能力，导致威胁规避能力变弱，进而耗费较长的规划时间。

2）τ_2 值的影响

在新节点扩展策略中，以 τ_2（$0\leqslant\tau_2<1$）的概率使新节点的飞行方向指向目标方向。图 6-10 给出了 $\tau_2=0.5$ 和 $\tau_1=0.8$ 时（$\tau_1=0.5$）TH-RRT 算法的试验结果。同样，在［0,1）范围内，对 τ_1 以 0.1 间隔进行取值，对试验 50 次后的性能指标进行统计分析，统计数据结果如图 6-11 所示。

由图 6-10、图 6-11 可知，随着 τ_2 的增大，搜索树受飞行方向的机会约束，航迹规划距离逐渐减小，整体航迹的平滑度也得到优化。在规划时间方面，当 $\tau_2\leqslant0.6$ 时，TH-RRT 算法的规划时间与 RRT 算法相近，只有当 $\tau_2>0.6$ 时，规划时间明显变长，这是由于过大的 τ_2 值限制了新节点的选取范围，导致搜索时间变长。

3）σ 的影响

在航迹优化策略中，加入了转弯幅度调节因子 σ（$0<\sigma\leqslant1$），针对不同的任务环境，通过调节航迹点间的转弯幅度，降低飞行器控制难度。图 6-12 给出了 $\sigma=0.5$ 和 $\sigma=0.8$ 时（$\tau_1=0.5$，$\tau_2=0.5$）TH-RRT 算法的试验结果。

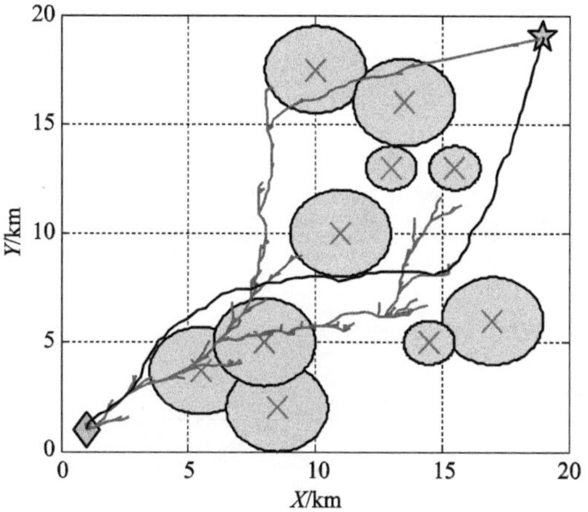

（a）

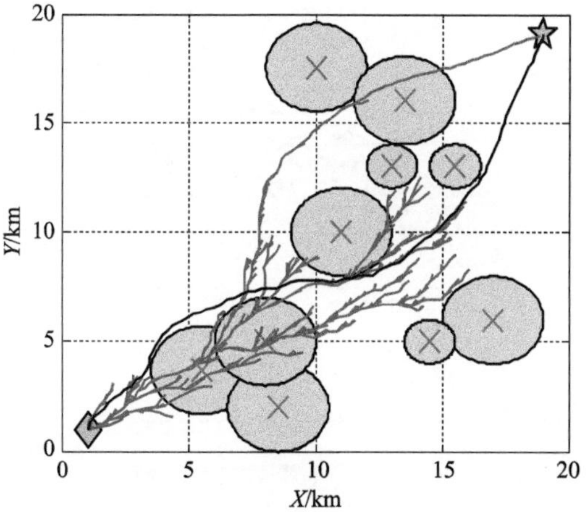

（b）

图 6-10　τ_2 取不同值时的试验结果

（a）$\tau_2=0.5$；（b）$\tau_2=0.8$

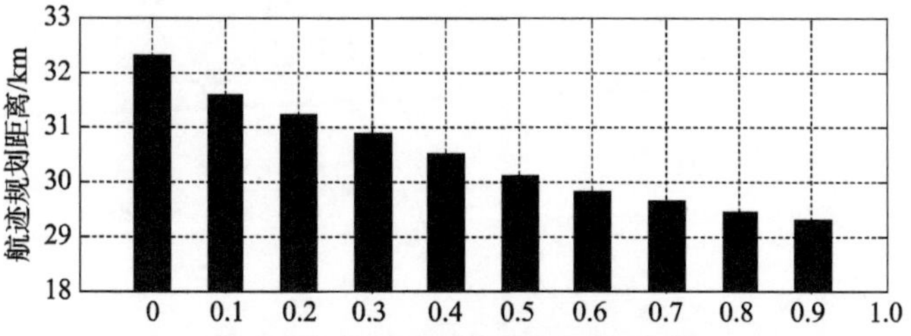

图 6-11　τ_2 取不同值时的试验结果

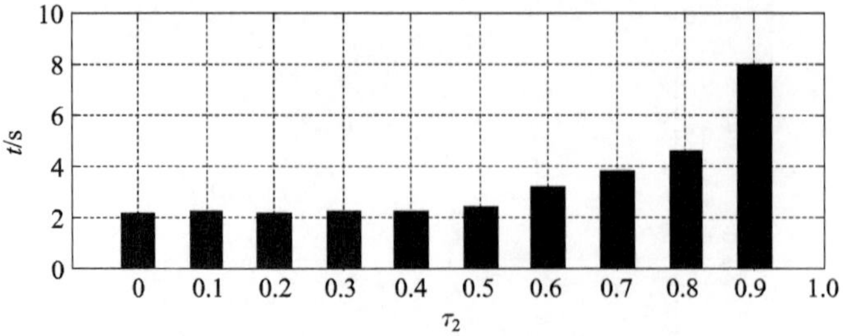

图 6-11　τ_2 取不同值时的试验结果（续）

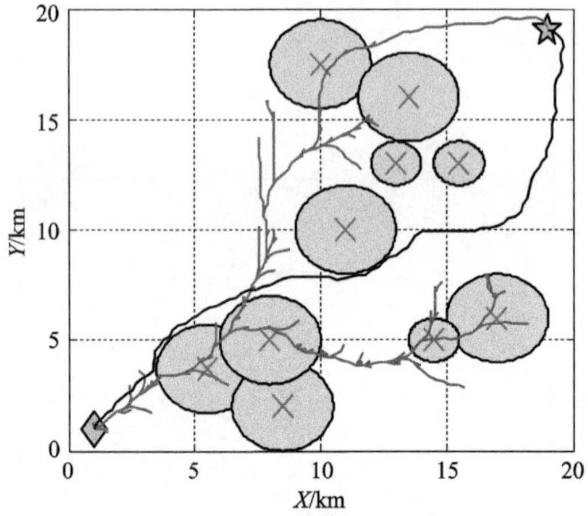

（a）

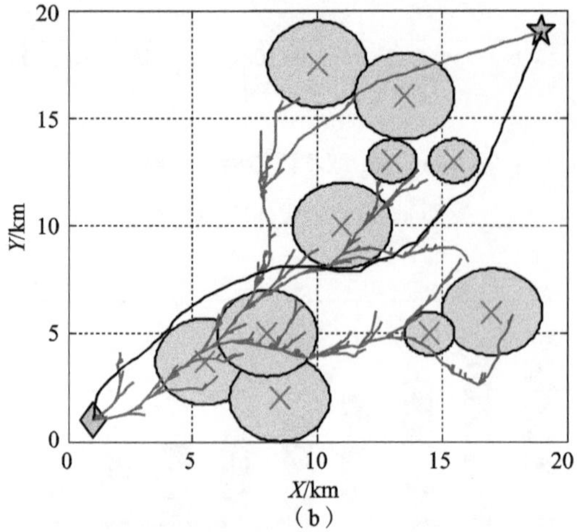

（b）

图 6-12　σ 取不同值时的试验结果

（a）$\sigma=0.5$；（b）$\sigma=0.8$

在（0,1］范围内，以 0.1 为间隔对 σ 取值，对每个 τ_1 值进行 50 次仿真试验，并对规划性能指标取平均值，统计数据结果如图 6-13 所示。试验结果表明，σ 主要用于提高航迹的可跟踪性。随着 σ 的减小，转弯控制范围变小，整体和局部航迹的平滑度均得到优化，当 $\sigma=1$ 时，转弯幅度对应于 UPV 最小转弯半径。另外，σ 虽然可以对航迹进行优化，但对整体规划距离和规划时间影响较小。

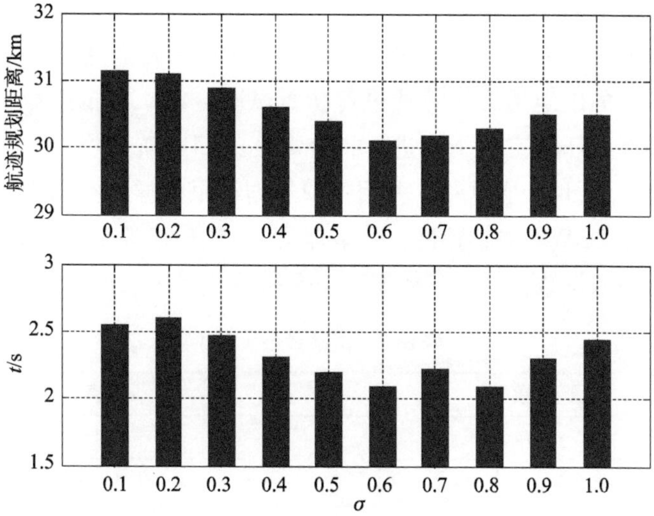

图 6-13　σ 取不同值时的试验结果

4）参数选取原则

根据上述针对 TH-RRT 算法参数的仿真试验结果，综合考虑航迹优化效果与计算效率的均衡，给出算法参数的选取原则。首先，τ_1 和 τ_2 对算法的性能影响较大，选取过小（$\tau_2 \leqslant 0.3$）会使算法搜索过程缺乏面向目标的倾向性，无法体现算法优势，且生成的航迹较为冗长；而选取过大（$\tau_2 \geqslant 0.8$）则会降低算法对未知区域的探索能力，导致规避威胁能力变弱，影响规划效率。因此，在实际应用中，建议选取 τ_1 和 τ_2 在 0.5 左右，这样既能保证算法的可靠性和对不同威胁环境的适应能力，也可以兼顾优化效果和计算效率的要求，使规划过程达到最优。其次，σ 主要用于不同威胁环境下的控制幅度调节，应与实际任务环境相对应进行选择。

可以看出，参数 τ_1 和 τ_2 的选取对算法的优劣程度和成功率有着决定性影响，而参数 σ 与威胁环境的关联性较大，应针对实际任务情况进行选取。

6.4.2 三维空间航迹规划

除了执行巡航侦察等二维空间飞行任务外，降高空投和归航着陆也是UPV任务的重要组成部分，研究这些任务下的航迹规划对实现其全任务自主飞行具有重要意义。为此，将本章所提TH-RRT算法应用于UPV三维空间航迹规划中，利用仿真试验进一步验证所提方法的有效性。

UPV在执行降高空投和归航着陆等任务时，通常会遇到如山地、峡谷等复杂地形条件。因此，本节在三维航迹规划中，重点考虑地形威胁，并选择威胁最大的山地地形对算法进行仿真试验分析。在单山峰、多山峰等不同复杂程度的任务空间下，进行指定高度的归航航迹规划。在每种任务情形中对算法进行30次试验，利用各项规划结果的样本空间平均值进行对比分析。根据UPV动力学特性，并结合关于TH-RRT算法的参数选取原则，对试验进行参数设置，具体参数如表6-8所示。

表6-8 试验参数设置

主要参数	取值
ρ	0.1
$\Delta\psi_{max}$	π/15 rad
v	10 m/s
ε	30 s
v_{Dmax}	2.5 m/s
τ_1	0.5
τ_2	0.5
σ	0.8

6.4.2.1 单山峰地形航迹规划

根据UPV飞行过程中较为常见的单山峰威胁情形，设置起始点（1 000，1 000，350）（单位：m）和目标点（5 000，5 000，10）（单位：m），其中将目标点高度设为10 m，便于实际应用中UPV实现雀降操作。不同于无动力翼伞空投系统，UPV在归航着陆过程中，可以根据所规划航迹，通过操作发动机推力或翼伞迎角来控制系统的降高速度，实现航迹跟踪。但这一过程会增加飞行器能耗，降低归航效率。因此，最佳的归航降高航迹应达到规划时间、控制能耗、飞行安全性、航迹可跟踪性的均衡最优。

图 6-14 所示为两种算法在单山峰情形下从起始点到目标点的试验结果。图 6-14（a）所示为采用常规 RRT 算法得到的飞行航迹，可见在搜索过程中，随机树节点向整个三维任务空间扩展，搜索效率不高，生成的飞行航迹较为曲折，增大了飞行器的跟踪难度。图 6-14（b）所示为采用 TH-RRT 算法得到的飞行航迹，随机树生长方向始终指向目标点，搜索范围小，加快了算法到目标点的收敛速度，在飞行安全性的前提下，充分发挥了 UPV 的机动性能，优化了航迹的平滑度和可跟踪性。另外，观察可见，当 RRT 算法搜索至山峰后侧时，此时已绕过威胁区域，但 RRT 算法仍然采用固定的扩展方式进行搜索，而 TH-RRT 算法中引入了目标点直达性判断，在判断新节点与目标点之间已无障碍时，立即生成直达航迹，完成规划，优化了整体的航迹规划距离。

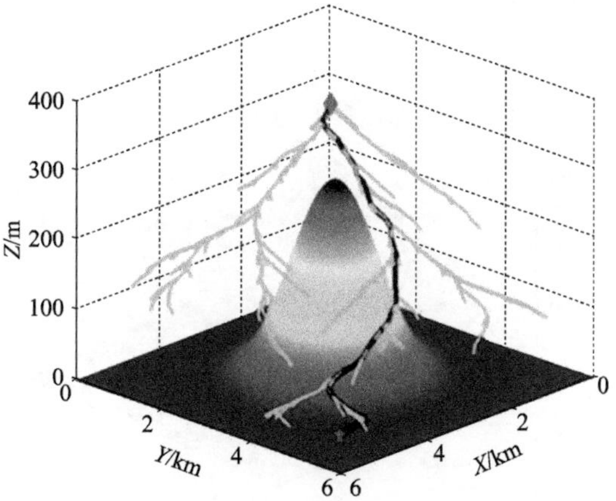

（a）

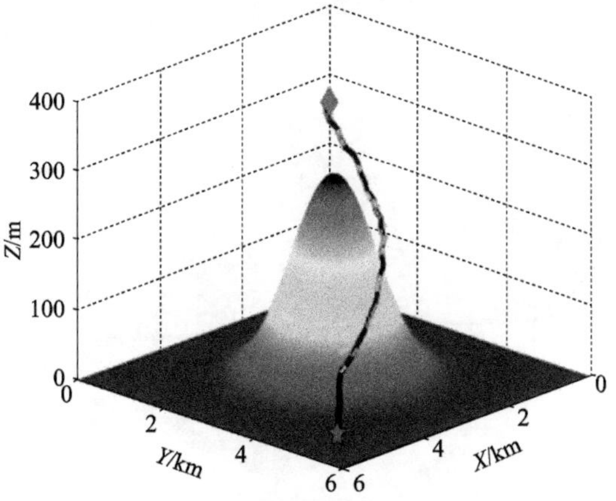

（b）

图 6-14　单山峰威胁任务环境航迹规划

（a）常规 RRT 算法；（b）TH-RRT 算法

6.4.2.2 多山峰地形航迹规划

考虑更为复杂的多山峰威胁情形，图 6-15、图 6-16 分别为两种算法在三山峰威胁任务环境下的航迹规划试验结果。由图 6-15、图 6-16 可见，两种算法所设计的航迹都能够绕过威胁障碍，找到从起始点到目标点的可行航迹，但从能耗大小来看，TH-RRT 算法在不同威胁情形中的航迹距离最短，平滑度和航迹质量均高于 RRT 算法，这就意味着在实际飞行过程中，TH-RRT 算法避免了飞行器不必要的转向和频繁的大范围控制操作，有利于减小能耗。从稳定性的角度来看，规划中所用的运动模型属于飞行器质点模型，始终描述系统的稳定飞行状态，而通过第 2 章对 UPV 动力学模型的分析可知，在改变控制操作时容易引起系统振荡，因此 TH-RRT 算法的飞行稳定性要高于 RRT 算法，更适合实际应用。

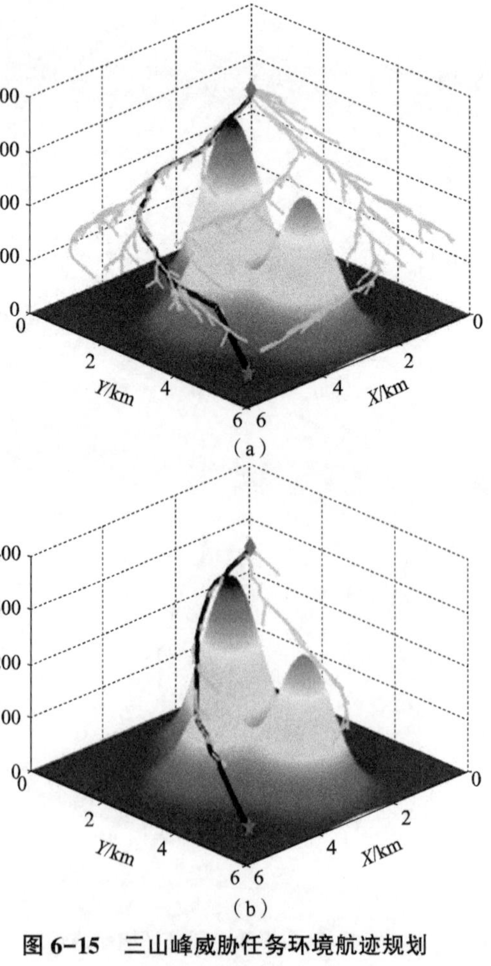

图 6-15 三山峰威胁任务环境航迹规划

(a) 常规 RRT 算法；(b) TH-RRT 算法

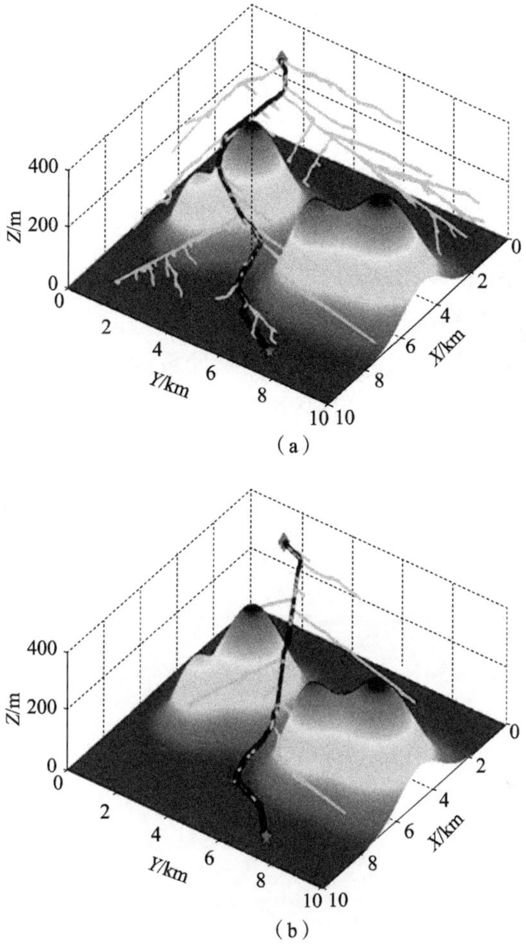

图 6-16　多山峰威胁任务环境航迹规划

(a) 常规 RRT 算法；(b) TH-RRT 算法

6.5　本章小结

本章对 UPV 复杂任务环境下的航迹规划问题进行了研究，主要完成了以下工作。

(1) 对常规 RRT 算法的基本原理和存在的问题进行了分析。针对常规 RRT 算法存在的问题，建立 UPV 航迹规划质点模型和环境威胁模型，在此基础上，根据飞行器的机动性能，给出了系统运动性能约束条件和威胁障碍规避要求；通过对常规 RRT 算法引入面向目标的启发式采样策略、新节点扩展策略，以及整体和局部航迹优化策略，构建了一种基于 TH-RRT 的快速优化航迹规划算法；分别从优化性能和概率完备性两方面对所提算法的性能进行了分析。

（2）对不同威胁环境和参数条件下，TH-RRT 算法在二维/三维任务空间中的航迹规划性能进行分析。结果表明，与常规 RRT 算法相比，所提算法能够在避免搜索陷入局部最小的同时，保证随机树的扩展过程不断向目标点趋近，快速有效地获得从起始点到目标点的光滑可行航迹，提高了航迹的平滑度和可跟踪性。进一步地，在统计数据的基础上给出了算法参数的选取原则，为算法的实际应用提供理论依据。

参考文献

[1] WARE G, HASSELL J. Wind-tunnel investigation of ram-air inflated all-flexible wings of aspect ratios 1.0 to 3.0 [R]. New York: NASA, 1969.

[2] 王利荣. 降落伞理论与应用 [M]. 北京：宇航出版社，1997.

[3] RICCI W S. Operational testing of the CQ-10A [R]. Arlington: Association for Unmanned Vehicle Systems International, 2004.

[4] DIANNE J. Development of an autonomous tactical reconnaissance platform [J]. AIAA, 2003.

[5] GILLES B, HICKEY M, KRAINSKI W. Flight testing of a low-cost precision aerial delivery system [C] //18th AIAA Aerodynamic Decelerator Systems Technology Conference and Seminar. Arlington: AIAA, 2005.

[6] ANTHONY J. Modeling for guidance and control design of autonomous guided parafoils [C] //19th AIAA Aerodynamic Decelerator Systems Technology Conference and Seminar. Williamsburg: AIAA, 2007.

[7] PHILIP D, DARRYN P, CARTER D. Providing means for precision airdrop delivery from high altitude [C] //18th AIAA Guidance, Navigation, and Control Conference and Exhibit, Colorado, 2006.

[8] 邹辉. 精确空投系统的发展 [J]. 军事装备，2005，25 (4)：64-68.

[9] BENNEY R, BARBER J, GRATH J M. The new military applications of precision airdrop systems [C] //41st Aerospace Sciences Meeting and Exhibit. Reno: 2005.

[10] ITAKURA K, KOBAYASH T, SASAKI G. Design, development and flight experiment of a small reusable rocket that glides using two-stage parachute [C] //IEEE/SICE International Symposium. Seattle, 2011.

[11] 熊菁. 翼伞系统动力学与归航方案研究 [D]. 长沙：国防科技大学，2005.

[12] 刘志超. 小型冲压翼伞动力学建模与归航研究 [D]. 长沙：国防科技大学，2013.

[13] 朱旭，曹义华. 翼伞弧面下反角、翼型和前缘切口对翼伞气动性能的影响 [J]. 航空学报，2012，33 (7)：1189-1200.

[14] 胡容. 高空精确空投翼伞归航轨迹规划与控制 [D]. 南京：南京航空航天大学，2014.

[15] 谢亚荣. 空投任务下翼伞建模与飞行控制研究 [D]. 南京：南京航空航天大学，2011.

[16] 王锋辉. 可控翼伞飞行控制程序设计与归航可视化仿真 [D]. 北京：北京空间机电研究所，2003.

[17] 谢志刚. 无人动力伞非线性动力学建模与预测控制研究 [D]. 石家庄：中国人民解放军陆军工程大学，2011.

[18] 韩雅慧，杨春信，肖华军，等. 翼伞精确空投系统关键技术和发展趋势 [J]. 兵工自动化，2012，31 (7)：1-7.

[19] 王宏新，刘长亮，成坚. 无人机回收技术及其发展 [J]. 飞航导弹，2016，17 (1)：27-32.

[20] 薛富利，陈保申，罗文学. 软翼轮式飞行器用于低空应急搜索的探讨研究 [J]. 中国新技术新产品，2016，12 (3)：5-7.

[21] 齐俊桐，刘金达，尚红，等. 自研软翼无人机自主飞行控制与仿真研究 [J]. 系统仿真学报，2015，27 (12)：2988-2997.

[22] KURASHOVA M，VISHNYAK A. Identification of a paraglider longitudinal aerodynamic characteristics [J]. AIAA，1995.

[23] JANN. T. Aerodynamic model identification and GNC design for the parafoil-load system alex [J]. AIAA，2001.

[24] NICOLAIDES J D. Performance estimates for powered parafoil systems [D]. Notre Dame：Notre Dame University，2002.

[25] KOTHANDARAMAN G，ROTEA M. Simultaneous perturbation stochastic approximation algorithm for parachute parameter estimation [J]. Journal of Aircraft，2005，42 (5)：1229-1235.

[26] HUR G B. Identification of powered parafoil - vehicle dynamics from modeling and flight test data [D]. Texas：Texas A&M University，2005.

[27] CHOWDHARY G，JATEGAONKAR R. Aerodynamic parameter estimation from flight data applying extended and unscented Kalman filter [C] //AIAA Atmospheric Flight Mechanics Conference and Exhibit. Colorado：AIAA，2006.

[28] WARD M, COSTELLO M. On the benefits of in-flight system identification for autonomous airdrop systems [J]. Journal of Guidance Control and Dynamics, 2010, 33 (5): 1313-1326.

[29] WARD M, COSTELLO M. Specialized system identification for parafoil and payload systems [J]. Journal of Guidance Control and Dynamics, 2012, 35 (2): 588-597.

[30] MIHAI R V, PAHONIE R C, RALUCA I. A practical method to estimate the aerodynamic coefficients of a small-scale paramotor [J]. Incas Bulletin, 2014, 6 (4): 63-73.

[31] LI B B, QI J T, LIN T Y, et al. Real-time data acquisition and model identification for powered parafoil UAV [J]. Intelligent Robotics and Applications, 2015, 10 (3): 556-567.

[32] 檀盼龙，孙青林，高海涛，等. 动力翼伞系统空投风场的辨识与应用 [J]. 航空学报，2016，37 (7)：2286-2294.

[33] 杨华，宋磊，王文剑. 动力翼伞纵向四自由度动力学仿真 [J]. 北京航空航天大学学报，2014，40 (11)：1615-1622.

[34] THOMAS. F. Scale effects on performance of ram air wings [J]. AIAA, 1984.

[35] PAUL M, OLEG Y, VLADIMIR D, et al. On the development of a six-degree-of freedom model of a low-aspect-retio parafoil delivery system [C] //17th AIAA Aerodynamic Decelerator Systems Technology Conference and Seminar. Monterery: AIAA, 2003.

[36] SLEGERS N, COSTELLO M. Model predictive control of a parafoil and payload system [C] //AIAA Atmospheric Flight Mechanics and Exhibit. Providence. AIAA, 2004.

[37] WATANABE M, OCHI Y. Linear model of a powered paraglider and observer design [C] //SICE Annual Conference. The University Electro-Communications, 2008: 2135-2141.

[38] SLEGERS N. Dynamic modeling, control aspects and model predictive control of a parafoil and payload syetem [D]. Corvallis: Oregon State University, 2005.

[39] MULLER S, WAGNER O, SACHS G. A high-fidelity nonlinear multibody

simulation model for parafoil system [C] //17th AIAA Aerodynamic Decelerator Systems Technology Conference and Seminar. California: AIAA, 2003.

[40] HEISE M, MULLER S. Dynamic model and visualization of multi-body flexible system [C] //AIAA Modeling and Simulation Technologies Conference and Exhibit. Rhode Island: AIAA, 2004.

[41] OCHI Y, KONDO H, WATANABE M. Linear dynamics and pid flight control of a powered paraglider [C] //AIAA Guidance, Navigation, and Control Conference. Chicago: AIAA, 2009.

[42] SLEGERS N. Effects of canopy-payload relative motion on control of autonomous parafoils [J]. Journal of Guidance Control and Dynamics, 2010, 33 (1): 116-125.

[43] 宋佳赟. 微小型动力伞飞行控制规律仿真研究 [D]. 北京: 北京理工大学, 2010.

[44] ZHU E L, SUN Q L, TAN L, et al. Modeling of powered parafoil based on kirchhoff motion equation [J]. Nonlinear Dynamics, 2014, 79 (1): 617-629.

[45] 葛玉君. 可控翼伞、返回舱组合体滑翔性能研究 [J]. 航天返回与遥感, 1998, 19 (2): 7-11.

[46] MOOIJ E, WIJNANDS Q, SCHAT B, et al. 9DOF parafoil/payload simulator development and validation [C] //AIAA Modeling and Simulation Technologies Conference and Exhibit. Texas: AIAA, 2003. 1-12.

[47] STRICKERT G. Study on the relative motion of parafoil-load-systems [J]. Aerospace Science and Technology, 2004, 8 (1): 479-488.

[48] PRAKASH O, ANANTHKRISHNAN N. Modeling and simulation of 9-DOF parafoil-payload system flight dynamics [C] //AIAA Atmospheric Flight Mechanics Conference and Exhibit. Colorado: AIAA, 2006.

[49] CHRYSTINE M, SLEGERS N. Comparison and analysis of multi-body parafoil models with varying degrees of freedom [C] //21st AIAA Aerodynamic Decelerator Systems Technology Conference and Seminar. Ireland: AIAA, 2011.

[50] GORMAN M, SLEGERS N. Evaluation of multibody parafoil dynamics u-

sing distributed miniature wireless sensors [J]. Journal of Aircraft, 2012, 49 (2): 546-554.

[51] WARD M, CULPEPPER S, COSTELLO M. Parametric study of powered parafoil flight dynamics [C] //AIAA Atmospheric Flight Mechanics Conference. Minnesota: AIAA, 2012.

[52] YU G. Nine-degree of freedom modeling and flight dynamic analysis of parafoil aerial delivery system [J]. Procedia Engineering, 2015, 99 (2): 866-872.

[53] VISHNYAK A. Simulation of the payload-parachute-wing system flight dynamics [R]. AIAA-1993-1250, 1993.

[54] GOCKEL W. Concept studies of an auotnomous GNC system for gliding parafoil [R]. AIAA-1997-1465, 1997.

[55] POLLINI L, CIULIETTI F, INNOCENTI M. Modeling, simulation and control of a wing parafoil for atmosphere to ground flight [C] //AIAA Modeling and Simulation Technologies Conference and Exhibit. Dublin: AIAA, 2002.

[56] ISSAC I, OLEG A. Development of control algorithm for the autonomous gliding delivery system [C] //17th AIAA Aerodynamic Decelerator Systems Technology Conference and Seminar. Monterey: AIAA, 2003.

[57] SLEGERS N, COSTELLO M. Model predictive control of a parafoil and payload system [J]. Journal of Guidance Control and Dynamics, 2005, 28 (4): 816-821.

[58] WARD M, COSTELLO M. Adaptive glide slope control for parafoil and payload aircraft [J]. Journal of Guidance Control and Dynamics, 2013, 36 (4): 1019-1034.

[59] GAVRILOVSKI A, WARD M, COSTELLO M. Parafoil control authority with upper-surface canopy spoilers [J]. Journal of Aircraft, 2012, 49 (5): 1391-1397.

[60] CULPEPPER S, WARD M, COSTELLO M. Parafoil control using paypoad weight shift [C] //AIAA Atmospheric Flight Mechanics Conference. Minneapolis. AIAA, 2012.

[61] 郑成. 翼伞飞行运动建模与翼伞空投控制技术研究 [D]. 南京: 南京航

空航天大学，2011.
[62] 陈奇. 多自主翼伞系统建模及其集结控制研究 [J]. 航空学报，2016，37 (2)：1-11.
[63] 高海涛. 翼伞系统自主归航航迹规划与控制研究 [D]. 天津：南开大学，2014.
[64] 焦亮. 基于翼伞空投机器人系统的自主归航研究 [D]. 天津：南开大学，2011.
[65] 李永新，陈增强，孙青林. 基于模糊控制与预测控制切换的翼伞系统航迹跟踪控制 [J]. 智能系统学报，2012，7 (6)：482-488.
[66] 钱克昌. 基于神经网络和动态逆系统的动力伞飞行控制 [D]. 石家庄：军械工程学院，2011.
[67] 柴天佑. 自适应控制 [M]. 北京：清华大学出版社，2016.
[68] 徐湘元. 自适应控制理论与应用 [M]. 北京：电子工业出版社，2007.
[69] JIAO X H，SHENG T L. Adaptive feedback control of nonlinear time-delay systems：the lasalle-razumikhin-based approach [J]. IEEE Transactions on Automatic Control，2005，50 (11)：1909-1913.
[70] 李永明. 非匹配不确定非线性系统自适应模糊控制 [D]. 大连：大连海事大学，2014.
[71] 吴敏，桂卫华，何勇. 现在鲁棒控制 [M]. 长沙：中南大学出版社，2008.
[72] 王雷. 多输入/多输出非线性系统的鲁棒控制与调节 [D]. 杭州：浙江大学，2016.
[73] CHANG J L. Dynamic output feedback sliding mode control for uncertain mechanical systems without velocity measurements [J]. ISA Transactions，2010，49 (2)：229-234.
[74] ALMUTAIRI N B，ZRIBI M. Sliding mode control of coupled tanks [J]. Mechatronics，2006，16 (7)：427-441.
[75] ISIDORI A，ASTOLFI A. Disturbance attenuation and H_∞ control via measurement feedback in nonlinear system [J]. IEEE Transaction on Automatic Control，1992，37 (9)：1283-1293.
[76] 黄文超，孙洪飞，曾建平. 一类多项式非线性系统鲁棒 H_∞ 控制 [J]. 控制理论与应用，2012，29 (12)：1587-1593.

[77] KANELLAKOPOULOS I, KOKOTOVIC P V. Systematic design of adaptive controllers for feedback linearizable systems [J]. IEEE Transactions on Automatic Control, 1991, 36 (11): 1241-1253.

[78] 王莉，王庆林. Backstepping 设计方法及应用 [J]. 自动化博览，2004, 21 (6): 57-61.

[79] KHALED R B, MNASRI C, GASMI M. A combined adaptive backstepping sliding mode control of a class of uncertain nonlinear systems [J]. International Review of Automatic Control, 2010, 3 (1): 443-451.

[80] PERVAIZ M, KHAN Q, BHATTI A, et al. Dynamic adaptive backstepping based integral sliding mode for non-triangular uncertain nonlinear systems [J]. Mathematical Problems in Engineering, 2014, 15 (4): 776-784.

[81] AZIMI M M, KOOFIGAR H R. Adaptive fuzzy backstepping controller design for uncertain underactuated robotic systems [J]. Nonlinear Dynamics, 2014, 79 (2): 1457-1468.

[82] HSU C F. Adaptive backstepping elman-based neural control for unknown nonlinear systems [J]. Neurocomputing, 2014, 136 (8): 170-179.

[83] CHEN M, TAO G, JIANG B. Dynamic surface control using neural networks for a class of uncertain nonlinear systems with input saturation [J]. IEEE Transactions on Neural Networks & Learning Systems, 2014, 26 (9): 2086-2097.

[84] FARRELL J, POLYCARPOU A. Command filtered backstepping [J]. IEEE Transactions on Automatic Control, 2009, 54 (6): 1391-1395.

[85] 郑昌文，严平，丁明跃. 飞行器航迹规划研究现状与趋势 [J]. 宇航学报，2007, 28 (6): 1441-1446.

[86] MURPHY L J. Azimuth homing in a planar uniform wind [J]. Journal of Aircraft, 1975, 12 (3): 139-141.

[87] GOODRICK T F. Estimation of wind effect on gliding parachute cargo systems using computer simulation [J]. AIAA, 1970.

[88] LI Y L, LIU H B. Theoretical investigation of gliding parachute trajectory with deadband and non-proportional automatic homing control [J]. AIAA, 1991.

[89] CARTER D, GEORGE S, HATTIS P. Autonomous large parafoil guidance, navigation, and control system design status [C] //19th AIAA Aerodynamic Decelerator Systems Technology Conference and Seminar. Williamsburg: AIAA, 2007.

[90] RADEMACHER B J. In-fight trajectory planning and guidance for autonomous parafoils [D]. Ames: Iowa State University, 2009.

[91] SOPPA U, STRAUCH H. GNC concept for automated landing of a large parafoil [R]. AIAA-1997-1464, 1997.

[92] 于群涛，陈楸，李德荣，等. 基于 Bezier 和改进 PSO 算法的风环境下翼伞航迹规划 [J]. 电子设计工程，2014，22 (19)：27-30，34.

[93] SUGEL I. Robust planning for autonomous parafoil [D]. Cambridge: Massachuse Institute of Technology, 2013.

[94] 梁海燕，任志刚，许超，等. 翼伞系统最优归航轨迹设计的敏感度分析方法 [J]. 控制理论与应用，2015，32 (8)：1003-1011.

[95] CUMER C, TOUSSAINT C, MOING T L, et al. Simulation of generic dynamics fight equations of a parafoil/payload system [C] //Proceeding of 20th Mediterranean Conference on Control & Automation. Barcelona, 2012: 222-228.

[96] 游镇雄，牛家玉. 理论流体动力学 [M]. 北京：科学出版社，1990.

[97] KOWALECZKO G. Apparent masses and inertia moments of the parafoil [J]. Journal of Theoretical and Applied Mechanics, 2014, 52 (3): 605-616.

[98] GOODRICK T F. Simulation studies of the fight dynamics of gliding parachute system [J]. AIAA, 1979.

[99] LISSAMAN P B. Apparent mass effects on parafoil dynamics [J]. AIAA, 1993.

[100] BARROWS T M. Apparent mass of parafoil with spanwise camber [J]. Journal of Aircraft, 2002, 39 (3): 445-451.

[101] GOODRICK T F. Comparision of simulation and experimental data for a gliding parachute in dynamic [J]. AIAA, 1981.

[102] WARD M, GAVRILOVSKI A, COSTELLO M. Glide slope control authority for parafoil canopies with variable incidence angle [J]. Journal of

Aircraft, 2013, 50 (5): 1504-1513.
[103] GLEN J. Parafoil turn response to control input [C] //31st AIAA Aerospace Sciences Meeting and Exhibit. Reno: AIAA, 1993. 248-254.
[104] 王奔，庄圣贤. 非线性系统 [M]. 北京：电子工业出版社，2012.
[105] CHAMBERS J. Longitudinal dyanmic modeling and control of powered parachute aircraft [D]. New York: Rochester Institute of Technology, 2007.
[106] AOUSTIN Y, MARTYNENKO Y. Control algorithms of the longitude motion of the powered paraglider [C] //Proceedings of the ASME 2012 11th Biennial Conference on Engineering Systems Design And Analysis: Nantes, 2012.
[107] GAVRILOVSKI A, WARD M, COSTELLO M. Parafoil glide slope control using canopy spoilers [C] //21st AIAA Aerodynamic Decelerator Systems Technology Conference and Seminar. Dublin: AIAA, 2011.
[108] 陈子印. 欠驱动无人水下航行器三维路径跟踪反步控制方法研究 [D]. 哈尔滨：哈尔滨工程大学，2013.
[109] KRSTIC M, KANELLAKOPOULOS I, KOKOTOIC P. Nonlinear and adaptive control design [M]. New Jersey: Wiley, 1995.
[110] LIU X P, GU G X, ZHOU K M. Robust stabilization of mimo nonlinear systems by backstepping [J]. Automatica, 1999, 35 (2): 987-992.
[111] KHALIL H K. Nonlinear systems [M]. New York: Prentice Hall, 2002.
[112] ZADEH L A. Fuzzy sets [J]. Information and Control, 1965, 8 (3): 338-353.
[113] 郑泽伟，霍伟，武哲. 自治飞艇直接自适应模糊路径跟踪控制 [J]. 控制与决策，2014，29 (3)：418-424.
[114] WANG L X. Fuzzy systems are universal approximators [C] //IEEE International Conference on Fuzzy Systems. San Diego: IEEE Press, 1992: 1163-1170.
[115] POLYCARPU M M. Stable adaptive neural network control scheme for nonlinear systems [J]. IEEE Transaction on Automatic Control, 1996, 41 (3): 447-451.
[116] LI Y M, LI T S, TONG S C. Adaptive fuzzy modular backstepping output feedback control of uncertain nonlinear systems in the presence saturation [J]. International Journal of Machine Learning and Cybernetics, 2013, 4 (5): 527-536.

[117] YAKIMENKO O, BOURAKOV E, HEWGLEY C, et al. Autonomous aerial payload delivery system "Blizzard" [C] //21st AIAA Aerodynamic Decelerator Systems Technology Conference and Seminar. Dublin: AIAA, 2011.

[118] CHIARA T, MARILENA V. Path following for an autonomous paraglider [C] //IEEE Conference on Decision and Control. Atlanta: IEEE, 2010: 4869-4877.

[119] SLEGERS N, YASHIMAMKO O. Optimal control for terminal guidance of autonomous parafoils [C] //20th AIAA Aerodynamic Decelerator Systems Technology Conference and Seminar. Seattle: AIAA, 2009.

[120] KOLF G. Fight control system for an autonomous parafoil [D]. Stellenbosch: Stellenbosch University, 2013.

[121] WARD M, GAVRILOVSKI A, COSTELLO M. Flight test results for glide slope control of parafoil canopies of various aspect ratios [C] //21st AIAA Aerodynamic Decelerator Systems Technology Conference and Seminar. Ireland: AIAA, 2011.

[122] 缪存孝，房建成，盛蔚. 一种非线性航迹自适应跟踪控制方法 [J]. 北京航空航天大学学报，2012，38 (4)：427-435.

[123] MICAELLI A, SAMSON C. Trajectory tracking for unicycle-type and two-steering wheels mobile robots [C] //IFAC Proceedings, 1993, 27 (14).

[124] MICAELLI A, BICCHI A, BALESTRINO A. Closed loop steering of unicycle vehicles via lyapunov techniques [J]. IEEE Robotics and Automation Magazine, 1995, 2 (1): 27-38.

[125] 贾鹤鸣，程相勤，张利军. 基于自适应 Backstepping 的欠驱动 AUV 三维航迹跟踪控制 [J]. 控制与决策，2012，27 (5)：652-658.

[126] 贾鹤鸣，张利军，程相勤. 基于非线性迭代滑膜的欠驱动 UUV 三维航迹跟踪控制 [J]. 自动化学报，2012，38 (2)：308-316.

[127] 吴大任. 微分几何讲义 [M]. 北京：高等教育出版社，2014.

[128] 李杰. 基于几何力学模型的无人机运动规划与导引方法研究 [D]. 长沙：国防科技大学，2014.

[129] ZHANG L J, JIA H M, QI X. NNFFC-adaptive output feedback trajectory tracking control for a surface ship at high speed [J]. Ocean Engineering, 2011, 38 (13): 1430-1439.

[130] 郑泽伟，霍伟，褚兵. 非完整移动机器人全局路径跟踪控制 [J]. 控制理论与应用，2012，29 (6)：741-747.

[131] LUDERS B. Robust sampling-based motion planning for autonomous vehicles in uncertain environments [D]. Cambridge：Massachusetts Institute of Technology，2014.

[132] 张春，杨倩，袁蒙，等. 冲压翼伞流场与气动操纵特性的数值模拟 [J]. 航空动力学报，2013，28 (9)：2037-2043.

[133] 谢志刚，陈自力，何应德. 无人动力伞在线子空间预测控制 [J]. 信息与控制，2011，40 (6)：841-845.

[134] WU. Z R，CHEN Q，LI D R，et al. Study on the parafoil airdrop systems path tracking method [J]. Electronic Design Engineering，2014，33 (1)：439-447.

[135] 孙青林，高海涛，亢晓峰. 基于数据扩充的 ADRC 翼伞航迹跟踪控制 [C]. 第 31 届中国控制会议. 合肥：CCC，2012. 2975-2980.

[136] 闫亚宾，曾建平. 一种飞控系统不确定性建模方法及其鲁棒控制 [J]. 控制理论与应用，2012，29 (5)：580-584.

[137] KIM E. A fuzzy disturbance observer and its application to control [J]. IEEE Transactions on Fuzzy Systems，2002，10 (1)：77-84.

[138] 陈伟，卢京潮，袁燎原，等. 基于高增益观测器的航迹角自适应反步控制 [J]. 北京航空航天大学学报，2013，39 (10)：1414-1420.

[139] 王建敏，吴云杰，董小萌. 基于滑膜干扰观测器的高超声速飞行器滑膜控制 [J]. 航空学报，2015，36 (6)：2027-2036.

[140] 韩京清. 自抗扰控制技术（估计补偿不确定因素的控制技术）[M]. 北京：国防工业出版社，2013.

[141] 韩京清，王伟. 非线性跟踪-微分器 [J]. 系统科学与数学，1994，14 (5)：177-183.

[142] 卜祥伟，吴晓燕，陈永兴，等. 非线性干扰观测器的高超声速飞行器自适应反演控制 [J]. 国防科技大学学报，2014，36 (5)：44-49.

[143] RAN M P，WANG Q，DONG C Y. Stabilization of a class of nonlinear systems with actuator saturation via active disturbance rejection control [J]. Automatica，2016，63 (10)：302-310.

[144] ISABELLE F. Non-linear control for underactuated mechanical systems (communications and control engineering) [M]. New York：Springer，2012.

[145] LUDERS B, ELLERTSON A, HOW J, et al. Wind uncertainty modeling and robust trajectory planning for autonomous parafoils [C] //AIAA Guidance, Navigation and Control Conference and Exhibit. Kissimmee, Dublin: AIAA, 2015.

[146] 李春, 吕智慧, 黄伟, 等. 精确定点归航翼伞控制系统的研究 [J]. 中南大学学报, 2012, 43 (4): 1331-1335.

[147] 刘洋. 动态环境中的无人机路径规划研究 [D]. 西安: 西北工业大学, 2015.

[148] SVEN K, MAXIM L. Real time adaptive A* [C] //Proceeding of the International Conference on Autonomous Agents. New York: ACM, 2006: 281-288.

[149] 刘伟, 郑征, 蔡开元, 等. 快速平滑收敛策略下基于 QS_RRT 的 UAV 运动规划 [J]. 中国科学: 信息科学, 2012, 42 (11): 1403-1422.

[150] 莫松, 黄俊, 郑征, 等. 基于改进快速扩展随机树方法的隐身无人机突防航迹规划 [J]. 控制理论与应用, 2014, 31 (3): 375-385.

[151] 刘伟. 无人机自适应路径规划研究 [D]. 北京: 北京航空航天大学, 2014.

[152] LAVALLE S M. Rapidly-exploring random trees: A new tool for path planning [D]. Ames: Iowa State University, 1998.

[153] 王维. 虚拟人运动规划与运动合成关键技术研究 [D]. 长沙: 国防科技大学, 2011.

[154] LAVALLE S M. Rapidly-exploring random trees: Progress and prospects [C] //Proceedings of the Workshop on the Algorithmic Foundations of Robotics. Natick, 2000: 293-308.

[155] ZUCKER M, KUFFNER J, BAGNALL J A. Adaptive workspace biasing for sampling-based planners [C] //Proceedings of the IEEE International Conference on Robotics and Automation. Kobe: IEEE, 2008. 3757-3762.

[156] LEE J, PIPPIN C, BALCH T. Cost based planning with rrt in outdoor environments [C] //Proceeding of the IEEE/RSJ International Conference on Intelligent Robots and Systems. Nice: IEEE, 2008: 684-689.

[157] KARAMAN S, FRAZZOLI E. Sampling-based algorithms for optimal motion planning [J]. International Journal of Robotics Research, 2011, 30 (7): 846-894.

[158] 钟建冬. 基于狭窄通道识别的机器人路径规划研究［D］. 上海：上海交通大学，2012.

[159] 温乃峰，苏小红，马培军，等. 低空复杂环境下基于采样空间约减的无人机在线航迹规划算法［J］. 自动化学报，2014，40（7）：1377-1390.

[160] 庄佳园，张磊，孙寒冰，等. 应用改进随机数算法的无人艇局部路径规划［J］. 哈尔滨工业大学学报，2015，47（1）：112-117.

[161] ZHANG L M，GAO H T，CHEN Z Q，et al. Multi-objective global optimal parafoil homing trajectory optimization via gauss pseudospectral method［J］. Nonlinear Dynamics，2013，(72)：1-8.

[162] 蒋华晨，梁海燕，曾德堂，等. 翼伞系统威胁规避最优归航轨迹设计［J］. 哈尔滨工业大学学报，2016，37（7）：1-8.

[163] 汲万峰，张有志，章尧卿，等. 不确定环境中基于概率威胁的航迹规划研究［J］. 电光与控制，2013，20（10）：56-61.

[164] 张淘沙，鲁艺，吕跃，等. 威胁联网下的飞行器航迹规划研究［J］. 电光与控制，2014，21（9）：29-33.